新一代人工智能 2030 全景科普丛书

# 数据治理：
## 人工智能创建未来城市

沈江　徐曼　孙慧　李晋　编著

科学技术文献出版社
SCIENTIFIC AND TECHNICAL DOCUMENTATION PRESS
·北京·

图书在版编目（CIP）数据

数据治理：人工智能创建未来城市 / 沈江等编著. —北京：科学技术文献出版社，2021. 10

（新一代人工智能2030全景科普丛书/赵志耘总主编）

ISBN 978-7-5189-8430-5

Ⅰ. ①数…　Ⅱ. ①沈…　Ⅲ. ①人工智能—应用—未来城市—城市建设—研究　Ⅳ. ① TU984-39

中国版本图书馆 CIP 数据核字（2021）第 199132 号

**数据治理：人工智能创建未来城市**

策划编辑：丁芳宇　责任编辑：张　红　责任校对：文　浩　责任出版：张志平

出 版 者　科学技术文献出版社
地　　址　北京市复兴路15号　邮编　100038
编 务 部　(010) 58882938，58882087（传真）
发 行 部　(010) 58882868，58882870（传真）
邮 购 部　(010) 58882873
官方网址　www.stdp.com.cn
发 行 者　科学技术文献出版社发行　全国各地新华书店经销
印 刷 者　北京时尚印佳彩色印刷有限公司
版　　次　2021 年 10 月第 1 版　2021 年 10 月第 1 次印刷
开　　本　710×1000　1/16
字　　数　200千
印　　张　15
书　　号　ISBN 978-7-5189-8430-5
定　　价　68.00元

# 总　序

人工智能是指利用计算机模拟、延伸和扩展人的智能的理论、方法、技术及应用系统。人工智能虽然是计算机科学的一个分支，但它的研究跨越计算机学、脑科学、神经生理学、认知科学、行为科学和数学，以及信息论、控制论和系统论等许多学科领域，具有高度交叉性。此外，人工智能又是一种基础性的技术，具有广泛渗透性。当前，以计算机视觉、机器学习、知识图谱、自然语言处理等为代表的人工智能技术已逐步应用到制造、金融、医疗、交通、安全、智慧城市等领域。未来随着技术不断迭代更新，人工智能应用场景将更为广泛，渗透到经济社会发展的方方面面。

人工智能的发展并非一帆风顺。自1956年在达特茅斯夏季人工智能研究会议上人工智能概念被首次提出以来，人工智能经历了20世纪50—60年代和80年代两次浪潮期，也经历过70年代和90年代两次沉寂期。近年来，随着数据爆发式的增长、计算能力的大幅提升及深度学习算法的发展和成熟，当前已经迎来了人工智能概念出现以来的第三个浪潮期。

人工智能是新一轮科技革命和产业变革的核心驱动力，将进一步释放历次科技革命和产业变革积蓄的巨大能量，并创造新的强大引擎，重构生产、分配、交换、消费等经济活动各环节，形成从宏观到微观各领域的智能化新需求，催生新技术、新产品、新产业、新业态、新模式。2018年麦肯锡发布的研究报告显示，到2030年，人工智能新增经济规模将达13万亿美元，其对全球经济增长的贡献可与其他变革性技术如蒸汽机相媲美。近年来，世界主要发达国家已经把发展人工智能作为提升其国家竞争力、维护国家安全的重要战略，并进行针对性布局，力图在新一轮国际科技竞争中掌握主导权。

德国2012年发布十项未来高科技战略计划，以“智能工厂”为重心的工业4.0是其中的重要计划之一，包括人工智能、工业机器人、物联网、云计算、大数据、3D打印等在内的技术得到大力支持。英国2013年将“机器人技术及自治化系统”列入了“八项伟大的科技”计划，宣布要力争成为第四次工业革命的全球领导者。美国2016年10月发布《为人工智能的未来做好准备》《国家人工智能研究与发展战略规划》两份报告，将人工智能上升到国家战略高度，为国家资助的人工智能研究和发展划定策略，确定了美国在人工智能领域的七项长期战略。日本2017年制定了人工智能产业化路线图，计划分3个阶段推进利用人工智能技术，大幅提高制造业、物流、医疗和护理行业效率。法国2018年3月公布人工智能发展战略，拟从人才培养、数据开放、资金扶持及伦理建设等方面入手，将法国打造成在人工智能研发方面的世界一流强国。欧盟委员会2018年4月发布《欧盟人工智能》报告，制订了欧盟人工智能行动计划，提出增强技术与产业能力，为迎接社会经济变革做好准备，确立合适的伦理和法律框架三大目标。

党的十八大以来，习近平总书记把创新摆在国家发展全局的核心位置，高度重视人工智能发展，多次谈及人工智能重要性，为人工智能如何赋能新时代指明方向。2016年8月，国务院印发《“十三五”国家科技创新规划》，明确人工智能作为发展新一代信息技术的主要方向。2017年7月，国务院发布《新一代人工智能发展规划》，从基础研究、技术研发、应用推广、产业发展、基础设施体系建设等方面提出了六大重点任务，目标是到2030年使中国成为世界主要人工智能创新中心。截至2018年年底，全国超过20个省市发布了30余项人工智能的专项指导意见和扶持政策。

当前，我国人工智能正迎来史上最好的发展时期，技术创新日益活跃、产业规模逐步壮大、应用领域不断拓展。在技术研发方面，深度学习算法日益精进，智能芯片、语音识别、计算机视觉等部分领域走在世界前列。2017—2018年，中国在人工智能领域的专利总数连续两年超过了美国和日本。在产业发展方面，截至 2018 年上半年，国内人工智能企业总数达 1040 家，位居世界第二，在智能芯片、计算机视觉、自动驾驶等领域，涌现了寒武纪、旷视等一批独角兽企业。在应用领域方面，伴随着算法、算力的不断演进和提升，越来越多的产品和应用落地，比较典型的产品有语音交互类产品（如智能音箱、智能语音助理、智能车载系统等）、智能机器人、无人机、无人驾驶汽车等。人工智能的应用范围则更加广泛，目前已经在制造、医疗、金融、教育、安防、商业、智能家居等多个垂直领域得到应用。总体来说，目前我国在开发各种人工智能应用方面发展非常迅速，但在基础研究、原创成果、顶尖人才、技术生态、基础平台、标准规范等方面，距离世界领先水平还存在明显差距。

1956 年，在美国达特茅斯会议上首次提出人工智能的概念时，互联网还没有诞生；今天，新一轮科技革命和产业变革方兴未艾，大数据、物联网、深度学习等词汇已为公众所熟知。未来，人工智能将对世界带来颠覆性的变化，它不再是科幻小说里令人惊叹的场景，也不再是新闻媒体上“耸人听闻”的头条，而是实实在在地来到我们身边：它为我们处理高危险、高重复性和高精度的工作，为我们做饭、驾驶、看病，陪我们聊天，甚至帮助我们突破空间、表象、时间的局限，见所未见，赋予我们新的能力……

这一切，既让我们兴奋和充满期待，同时又有些担忧、不安乃至惶恐。就业替代、安全威胁、数据隐私、算法歧视……人工智能的发展和大规模应用也会带来一系列已知和未知的挑战。但不管怎样，人工智能的开始按钮已经按下，而且将永不停止。管理学大师彼得 · 德鲁克说：“预测未来最好的方式就是创造未来。”别人等风来，我们造风起。只要我们不忘初心，为了人工智能终将创造的所有美好全力奔跑，相信在不远的未来，人工智能将不再是以太网中跃动的字节和 CPU 中孱弱的灵魂，它就在我们身边，就在我们眼前。“遇见你，便是遇见了美好。”

新一代人工智能 2030 全景科普丛书力图向我们展现 30 年后智能时代人类生产生活的广阔画卷，它描绘了来自未来的智能农业、制造、能源、汽车、物流、交通、家居、教育、商务、金融、健康、安防、政务、法庭、环保等令人叹为观止的经济、社会场景，以及无所不在的智能机器人和伸手可及的智能基础设施。同时，我们还能通过这套丛书了解人工智能发展所带来的法律法规、伦理规范的挑战及应对举措。

本丛书能及时和广大读者、同仁见面，应该说是集众人智慧。他们主要是本丛书作者、为本丛书提供研究成果资料的专家，以及许多业内人士。在此对他们的辛苦和付出一并表示衷心的感谢！最后，由于时间、精力有限，丛书中定有一些不当之处，敬请读者批评指正！

**赵志耘**

**2019 年 8 月 29 日**

# 前言

由人工智能、大数据、5G 技术与超级计算等引发的信息技术革命为城市建设带来了全新生态，颠覆了传统的组织运营与决策方式。2017 年，我国发布了《新一代人工智能发展规划》，提出了面向 2030 年中国新一代人工智能发展的指导思想、战略目标、重点任务和保障措施。与新一代人工智能相关的学科体系、通信基础设施完善与人工智能应用场景搭建在学术界和产业界引起了强烈的反响，推动经济社会在全领域范围内从数字化、网络化向智能化加速跃升，突破了产业发展的天花板，带来了全新的价值空间。

作为当前热点的数智化应用关键场景，新一代的智慧城市建设如火如荼。按照党中央、国务院推动我国新型工业化、信息化、城镇化和农业现代化同步发展重大决策，实践新一代人工智能与现代城市发展的深度融合是实现城市可持续发展的关键路径之一。未来城市更强调云网端融合的新型智能设施泛在部署，更强化数据智能、信息模型等共性赋能支撑与平台整合，更注重实现数据驱动、“三融五跨”的智慧生产、智慧生活、智慧生态、智能治理等应用服务发展。未来城市将成为一个具有生命力的、资源高度整合的动态复杂巨系统，因其物理与数字双重空间映射关系而形成关联度极其复杂的“数字孪生”构造。在这一演进过程中，大数据逐渐成为一种驱动城市治理和运行的重要战略资源，因此，有效地运用数据治理方法对于未来智慧城市发展至关重要。充分利用人工智能技术完成城市运行系统核心数据的感知、监测、分析与整合，挖掘数据背后的因果科学，使之成为构建具有全局管理力、思考决策力的未来城市的基础。而真正实现未来城市“由数据到智慧”的认知与决策转变尚需要众多城市管理者与科学工作者的共同努力。

《数据治理：人工智能创建未来城市》一书从新一代人工智能环境下的数据治理技术与模式出发，揭示大数据、物联网、O2O模式、计算机视觉等新技术新模式驱动下高效能城市数据治理应用场景，聚焦城市数据治理的范式、顶层设计、关键技术，以及在城市规划与建设、产城融合、社会治理、公共资源均衡化等领域的应用。本书专业地梳理了城市数据治理的现状，阐述所涉及的新一代人工智能关键技术的概念及发展历程并对未来前沿发展趋势做出解析，不仅能够为相关领域的学者、研究人员梳理系统的城市数据治理的科学研究方法，更能启发城市治理者未来的城市治理思路。

本书从数据治理的专业视角解读了人工智能与未来城市管理深度融合的模式方法与典型应用场景，为大数据与人工智能在城市管理及其相关产业的应用带来了全新数字思维空间，帮助读者简明、准确且全方位地了解数智化的关键技术与典型应用问题。本书还获得了“天津大学2020年研究生创新人才培养”计划的资助（项目编号YCX202004），可以作为研究生“新工科”交叉学科教材使用。感谢潘婷、刘福升、田锐、王晔、武心超、陈璐琳为本书的编写、出版所付出的辛勤工作。在本书编写过程中，得到了很多行业同人的鼎力相助，本书的责任编辑对书稿提出了中肯且可行的审读意见和建议，在此一并表示衷心的感谢！

2021年6月

# 目　录

●●●● 第 1 章

# 绪　论

数据治理是组织中涉及数据使用的一整套管理行为。国际数据管理协会（DAMA）认为，数据治理是对数据资产管理行使权力和控制的活动集合。对上述概念进行具体解读和拓展，本书所指的数据治理不仅是对有关数据生命周期的诸如采集、加工、控制、传输、保存等活动的执行，还要对其进行控制，制定政策和标准，划分责任。当前，大数据逐渐成为一种驱动城市治理和运行的重要战略资源，对于城市运行中产生的大数据的有效治理，实现从物理空间到数字空间的突破，将帮助管理部门及时、全面地掌握城市的动态运行状况，识别城市治理中的普遍性和趋势性问题，解决城市不断扩张的规模与有限的资源分配之间的矛盾，提升城市的治理智慧。其中，最关键的也是与传统城市治理和数据治理不同的是挖掘数据背后蕴含的因果科学，通过人工智能有效利用数据，对数据进行因果分析，让城市实现真正的认知决策。人工智能技术的进步与新基建的深化建设将推动城市数据治理迈向新进程，在城市规划与建设、产城协调发展、社会治理、公共资源均衡发展方面发挥举足轻重的作用，为构建一个具有思考决策、全局管理能力的未来城市打下坚实的基础。

# 1.1 城市数据治理典型情境

纽约是美国最大的城市，人口约 851 万，作为全球重要的金融、政治、经济和文化中心，纽约的城市治理面临着极大的挑战。随着大数据技术的逐渐成熟，大数据为城市治理创新提供了新的工具和手段，在创新城市治理中的作用越来越明显。于是，深受各种“大都市病”困扰的纽约率先推动大数据在城市治理中的应用，取得了不俗的成绩，有效降低了治理成本，提升了治理效率。

## 交通大数据治理

纽约市专门建立了一个名为“纽约市公开数据门户网站”的数据公开渠道，有数以千计可供公开下载的数据类型，如纽约市消防栓地图等。访客通过访问相关公开数据，获取了有价值的信息，为公众提供了极大的方便，尤其为避免不必要的罚款提供了警示。同时，为将大数据更好地用于城市的治理和服务，纽约市开发出了“市长实时仪表盘”。该仪表盘集成了大量城市治理的实时数据，如整个纽约街头的交通情况、红绿灯布局、街道整洁度、倒塌树木情况等应有

**图 1–1 纽约城市智慧交通**

（资料来源：https：//www.sohu.com/a/120480377_472083）

尽有。以交通拥堵为例，如果画面上摄像头标志变红了，那就表示这里发生了拥堵或事故，点开摄像头就可以看到现场的情况（图 1-1）。这一仪表盘不但为市长决策提供了良好的支撑，也为民众获得高质量的政府服务创造了条件。

### 社会治安大数据治理

针对纽约市社会治安不断恶化的问题，20 世纪 90 年代中期，纽约警察局开发了一个以地图为基础的统计分析系统——CompStat。该系统通过将每天发生的罪案数据录入系统中，分析出在什么时间、什么地点最容易发生什么样的案件，以便及时部署警力予以应对，效果十分明显（图 1-2）。此外，纽约市警察局还利用数据统计的关联法，有效防范各类违法犯罪行为的发生。其原理是通过广泛收集可能与待解释现象相关的大量数据，然后筛选出关联度最高的一组数据或计算成一个指标，以此为依据辅助决策。每一个分局都有这样一份统计，每周更新一次，这一数据的统计对更好地判断治安形势有重要意义。

图 1-2　纽约 CompStat 系统

[资料来源：砺之．大数据下的纽约城市治理 [J]. 群众，2018（20）：62-63.]

### 环境监管大数据治理

纽约环境部门负责维护纽约市多达 6000 英里的下水道，政府部门一直想找到向下水道非法倾倒食用油的人，但问题在于，如何找到这些违法者。传统的解决办法是由环境部门派出监察员，到各个街区路口守株待兔，以期碰巧遇到某些向下水道倾倒废弃食用油的餐馆小工。但纽约市有 2.5 万个餐馆，这样做显然成功率不高。纽约通过 Data Bridge 从企业诚信委员会获得所有餐饮企业为合法处理废弃油脂所支付的服务费数据，比较得出那些没有支付服务费的企业在地图中所处的位置，将那些不在册的餐馆列入“重点怀疑对象”，排查准确率高达 95%。

## 1.2 城市数据治理本质：数字孪生

数据治理是组织中涉及数据使用的一整套管理行为。根据切入视角的不同，一些国外学者从法案遵循的角度提出数据治理是一系列的政策和规则的定义；而一些学者强调数据治理是有关组织数据资产的决策制定和职责划分；也有诸多学者综合考虑了数据管理控制活动中的过程、技术和责任后，认为数据治理是集中人、过程和信息技术的数据管护过程或方法，能够确保组织数据资产得到合理的使用。因此，Begg 和 Caira 将早期的数据治理定义总结为政策、流程、技术和职责的统一，而后期的定义中更强调角色支持和商业结构。

### 数据治理使万物互联

人类交流和连接方式的改变，以及互联网 +、物联网、云计算、大数据、区块链等信息技术的迅猛发展，使得人类迎来了大数据时代，形成了万物互联的态势，开启了用数据探索世界规律的新纪元。万物互联是大数据时代数据治理的一个显著特征，其具有场景化、开放性、可度量、及时性、价值化的特点，以及收集数据、治理数据和应用数据三大能力，被赋予不危及国家安全、不侵犯公民隐私和不违背个体意愿的界限。通过万物互联的数据治理有助于实现治理决策科学化、智能化、协同化，以及治理目标精准化（图 1–3）。

**图 1–3 数据治理让万物互联**

（资料来源：https：//www.shangyexinzhi.com/article/408476.html）

## 大数据的自我进化

原有的大数据概念及应用并不能完全满足人类利用数据完成决策科学化、产业升级、驱动社会生产力变革的需要。需要让数据发挥出更大的现实价值，就必须对大数据进行升级，完成大数据的自我进化，以期提高数据质量，实现广泛的数据共享，最终实现数据价值最大化。这标志着科学研究范式已经从几千年前的凭经验、几百年前的靠理论模型、几十年前的计算仿真，进入了第 4 个阶段——数据探索。

## 基础设施的支撑

以云计算、物联网、分布式计算与存储等为代表的科学技术的快速发展，使信息、连接和计算能力这三大要素变得更加经济和便利。其中，移动通信网目前的建设趋向于宏微协同 + 室分系统，随着 5G 的推广应用，移动通信网将逐步向分层立体组网转变。物联网技术使得数字城市具有敏感的感知能力，能够进行全方位的连接，更加精准地采集和传输相关的数据，最终能够达到人性化的城市治理及精准化的城市发展。云计算技术的发展更是为城市建设提供了新的模式，目前，数字城市一般基于云计算＋边缘计算相结合的协同计算体系，即数据中心＋边缘计算节点的建设模式。其中，云计算提供数据关联平台，物联网技术则对一体化治理提供支撑，在智能电网、智能交通，智慧教育等许多方面都可以看到物联网技术的身影。对于数据的处理方面，信物融合系统可以对城市中的各种结构化和非结构化数据进行计算处理（图 1–4）

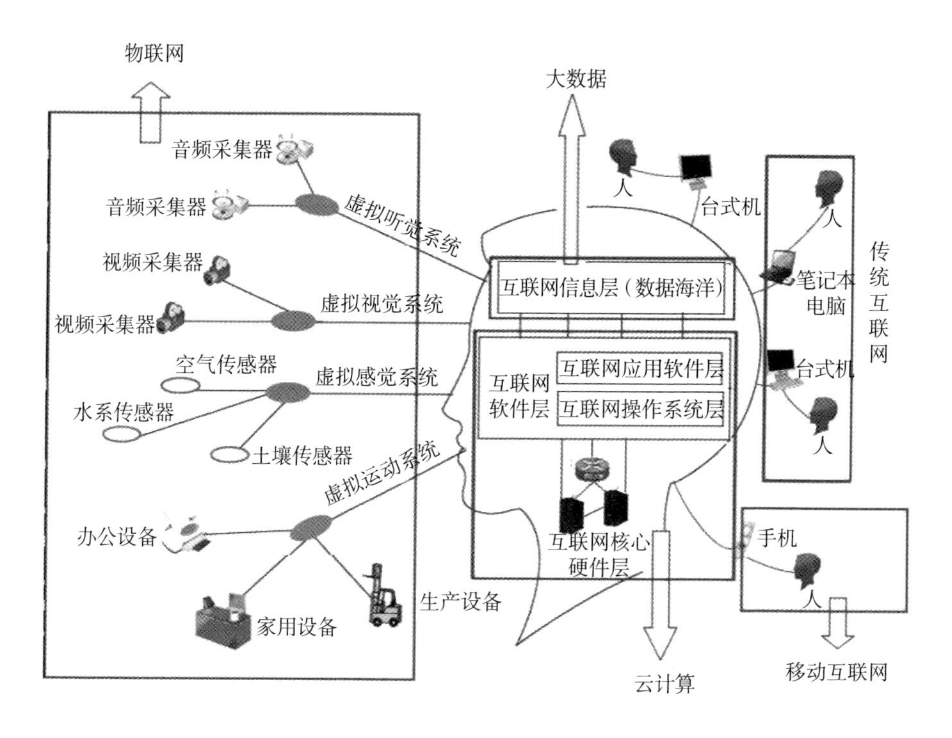


**图 1–4 城市数据治理的技术条件**

（资料来源：https://m.sohu.com/a/252066123_100263245）

## 城市治理模式创新

传统城市治理模式中，公众参与意识薄弱，在整个城市治理的过程中处于一种不情愿的、被动的状态。同时，传统的城市治理中，政府被视为城市治理的唯一主体，非政府组织和其他组织无法或被限制参与治理过程，其作用很难发挥。并且由于现代社会公共问题日益增多，相互依赖性加强，使得政府的“不可治理性”越来越明显，意味着政府无法继续担任社会问题和公共事务的唯一治理者。正是由于传统的治理模式存在这些问题，所以对于治理模式的升级产生了迫切需求，使得数据治理得到了更多的重视。

## 1.3　从数据革命到因果革命的演进

### 数据革命

数据治理是一场技术革命，而这场技术变革又可以归纳为两次数据革命。第一次数据革命为科学的数学化，它实现了数据与科学研究相融合，促成了科学革命的发生；第二次数据革命是指21世纪大数据的产生及其使用，它不仅改变着科学研究范式，实现了社会科学研究的定量化，而且促使经济、社会、军事等所有社会领域产生了巨大变革。例如，数据革命促进了智能医疗的发展，改善了城市医疗资源不均衡和公共资源匮乏等问题；VR/AR技术则在城市规划、设计、建设、决策等方面有着极大的发展前景；依据庞大的交通数据，交通管理部门可以查看当地的交通运行指数、实时路况、拥堵研判和出行热力图，从而快速了解城市中拥堵的交通路段，及时做好道路疏通工作。人工智能作为数据革命的一个最为直观的体现，是研究和开发用于模拟、延伸和扩展人的智能的一门科学技术，是计算机科学的一个分支，研究领域包括机器人、语言识别、图像识别、自然语言处理和专家系统等。人工智能的发展将为未来的城市治理带来新的解决方案。

### 因果革命

大数据时代的来临，意味着人类历史上发生了一场新的科学技术革命，同时这也预示着一次新哲学变革的孕育与发展，而数据革命背后的本质其实正是因果革命。图灵奖得主、贝叶斯网络奠基人Judea Pearl站在整个数据科学的视角，简单回顾了过去的“大数据革命”，指出数据科学正在从当前以数据为中心的范式向以科学为中心的范式偏移，现在正在发生一场席卷各个研究领域的“因果革命”。因果革命和以数据为中心的第一次数据科学革命，也就是大数据革命（涉及机器学习和深度学习机器应用，如 AlphaGo、语音识别、机器翻译、自动驾驶等）的不同之处在于，它以科学为中心，涉及从数据到政策、可解释性、机制的泛化，再到一些社会科学中的基础概念信用、责备和公平性，甚至哲学中的创造性和自由意志。可以说，因果革命彻底改变了科学家处理因果问题的方式。因果革命中，数据科学的任务被重新分成了 3 类：预测、描述和反事实预测。在因果推理中，知识图谱以图结构表示丰富灵活的语义，描述客观世界的事物及其关系，在应用领域得到了广泛的关注。通过因果推理，可以将那些难以阐明和交流、难以形式化与传达沟通、非编码化的隐性知识进行线性化表达。

# 1.4 城市数据治理方向：构建未来城市

## 1.4.1 数字城市的主要特点

### 数字化

数字化是数字城市最基本的技术特征之一。数字城市运作的前提就是信息的数字化。数字化就是数字化产品、数字化生产、数字化管理、数字化企业，以及城市居民数字化生活。嵌入式计算机的广泛应用将进一步推进数字化。复合系统的数字化是实现数字城市建设运营可视化的基础，其可以为城市“自然—社会—经济”复合系统的各类资源建立数字模型。在城市中，运用数字化的治理手段，有助于城市更好地转型。例如，借助全社会及相关专家的力量对企业关键技术创新进行实时监督与反馈，并综合运用研发投入、工程技术人才水平、专利数量比重、专利质量分级及技术市场推广等多维度数据模型，从而高效优质地鉴别企业真实的科技创新能力，进而推进科研组织数字化转型。而通过加快建设天空地一体化的生态环境监测网络，则可以促进城市生态治理数字化转型。

### 网络化

数字城市网络化管理是现代城市治理方式的创新，有利于提高数字城市治理效能，塑造城市品牌，改善公共服务质量，提高政府与居民的良性互动。在由数字化信息元所组成的网络体系中，城市与城市间、城市与区域间的信息流动变得复杂化，构成由各网络节点——城市间的信息联系为主的数字化网络。网络化对于城市中云空间治理十分重要，通过物联网等技术不仅可以实现对物理空间中实体的感知与控制，也可以与社会空间大数据实时进行关联，将使社会空间中的人、机、物等高度融合并在时空网络中快速生成、更新与变化，泛在感知到数据，高效地服务于城市社会治理。

### 智能化

智能化是数字城市的高级特性。数字城市与人的神经系统有相似之处，具有自组织、自适应和自我调控、自我发展的特征。数字城市拥有体量巨大、结构复杂的信息体系，这是其决策和控制的基础，而要真正实现“智慧”，城市还需要表现出对所拥有的海量信息进行智能处理的能力。智能处理在宏观上表现为对信息的提炼增值，即信息在系统内部经过处理转换后，其形态应该发生了转换，变得更全面、更具体、更易利用，使信息的价值获得了提升。在技术上，以云计算为代表的新的信息技术应用模式，是智能处理的有力支撑。在数字城市建设过程中，智能化对于一些高危的应急救援活动来说变得尤为重要。其中，无人机是无人化智能装备中的代表，可以根据不同任务实施侦查和处置工作。

### 1.4.2 数字城市解决的问题

#### 城市规划问题

通过数字城市的建设，可以更好地解决城市规划问题。首先，数字城市可以通过空间数据库管理系统来获取基础数据，建立一个完整的分析决策模型，从而形成一个三维数字城市规划建设的专题数据库，为三维数字城市建设提供空间决策支持，更好地帮助城市规划部门进行快速有效的决策。其次，三维数字城市技术可以为城市规划管理搭建一个跨平台、跨部门的地理信息共享平台，并通过互联网来进行城市地理空间信息的数据共享。这个信息共享平台可以实现对三维数字城市规划数据信息的全方位管理，有效提升城市建设规划的业务水平。最后，数字城市通过将城市规划业务实现网上审批，能大大缩短城市规划项目审批的时间，提高三维数字城市规划建设的效率。

#### 协调发展问题

国务院总理李克强指出，工业化、信息化，城镇化和农业现代化是实现我国现代化的基本途径，而数字城市可以使“四化”同步、协调发展。通过对城市产业、城市社区、城市农业等方面的数字化治理，进一步提升了数字城市建设水平。特别是在信息化带动新型城镇化方面，全力打造智慧建筑、智慧社区、智慧城管，进一步提升城市发展的质量效益。在这一背景下，国内外先后打造了纽约湾区、旧金山湾区、东京湾区和粤港澳湾区这四大湾区。湾区通过发挥不同城市的产业优势，推进产业协同发展，完善产业发展格局，加快向全球价值链高端迈进。

#### 社会治理问题

大数据技术为社会治理创新提供了有力的技术支撑，有效推动了社会治理的科学化、精确化、高效化和民主化，进而实现城市社会治理的数字化。首先，社会治理大数据在大数据背景下属于公共资源，可以为任何社会治理主体所用，如果社会各个治理主体能够通过密切的联系与合作高效、合理地使用这些数据资源，那么社会治理模式就会从过去的碎片化慢慢转变为网格化。其次，数据治理可以促进治理过程的透明化，提高治理效能，使得社会实现信息系统的统一成为现实，促进了社会治理的透明化，推动了社会治理的高效化。最后，数据治理可以加强治理方式的科学性，实现公共决策民主化。由于信息的透明化，只有听取公众的声音，公开治理过程，做出满足全社会利益的科学公共决策，才能够提高政府的公信力。

### 公共服务均衡化问题

数字城市在城市服务公平方面发挥了很大的作用，能够为居民提供更加高质量和均等化的公共服务。例如，在基础公共服务、经济公共服务、社会公共服务和公共安全服务等多方面都能够公平、有效地获得相应服务。首先，数字城市利用透彻感知技术的公共服务供给决策，通过对城市多方面的信息进行获取、存储和分析，使得城市参与者的视野得到史无前例的拓展。作为公共服务的需求者，不仅可以提取公共服务设施的状态，而且可以获取影响其分析判断的各种信息。其次，数字城市利用互联互通的公共服务设施与人的互动，通过互联技术，数字城市利用快速的通信手段和集成化的信息中心将城市多个系统进行融合，不仅能够实时掌握相关系统的运行状态，而且能够表达自身的意愿并与其他部分形成互动和协作。最后，数字城市利用智能化实现公共服务资源的高效利用，利用数字城市的智能化能力，对有用信息的甄别和深度加工将会使原本城市服务设施的运作模式产生根本的变化。

## 1.5　数据治理与城市竞争力

### 数据治理增加国家区域优势

大数据治理对于增加国家区域之间的优势有着显著的作用。第一，大数据能有效提升科学决策水平。因为大数据收集了整个国家各个领域方面的信息资源，对这些数据资源进行整合之后相当于一个庞大的信息资源库，能更好地帮助国家各区域进行科学决策。第二，大数据通过增强对现象之间的关联与研究，可以有效减少社会危机发生的不确定性，增强风险预警能力。第三，数据共享为政府各职能部门的沟通提供了便利，模糊政府各部门之间、政府与公众之间的边界，使得信息孤岛现象大幅减少。

### 数据治理促进社会转型

政府大数据作为战略资产，已经得到越来越多国家的重视。截至 2014 年，全球已有 63 个国家和地区推动政府大数据的开放，并开放了超过 700 000 个政府数据集。通过开放政府数据促进社会转型，带动大数据产业的发展，已经成为各国的普遍共识。通过数据开放，美国 2013 年在政府管理、医疗服务、零售业、制造业、位置服务、社交网络、电子商务 7 个重点领域产生的直接和间接价值已经达到了 2 万亿美元。英国政府通过高效地使用公共大数据的技术，一方面优化政府部门的日常运行和刺激公共机构的生产；另一方面在福利系统中减少诈骗行为和错误的数量。西班牙和韩国也通过推动政府信息公开化，让社会变得更加智能化。

### 数据治理助力城市治理

城市善治（Good Governance）是人们对城市的经济、政治、文化和社会事务合理有效地进行组织与协调、规范与监督，从而实现公共利益最大化的过程。由于城市善治所需数据源的复杂性，决定了其无法由政府单一主体来控制的特点，而大数据技术正好与城市对庞大复杂的社会管理信息的客观需求不谋而合。大数据技术使城市善治成为可能：它不仅能模塑治理主体思维，提升城市治理能力，而且将变革城市治理模式，塑造城市的未来。美国在城市数字化的进程中走在世界前列，其在电子政务、信息安全、信息公开等六大治理领域都已实现了数据化治理（图 1–5）。

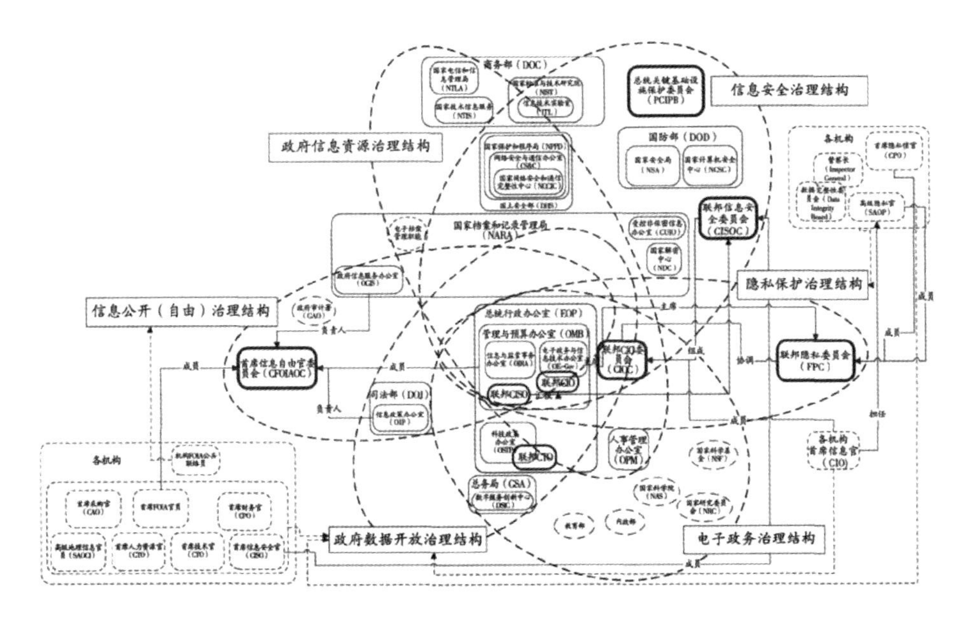


图 1-5 美国政府数据资源的治理结构

[资料来源：黄璜．美国联邦政府数据治理：政策与结构 [J]．中国行政管理，2017（8）：47-56.]

## 参考文献

[1] DONALDSON A,WALKER P. Information governance —a view from the NHS [J]. International journal of medical informatics, 2004（73）：281-284.

[2] 吴静，张凤，孙翊，等．抗疫情助推我国数字化转型：机遇与挑战 [J]. 中国科学院院刊，2020，35（3）：306-311.

[3] MALIK P. Governing big data：principles and practices [J]. Ibm journal of research & development，2013，57（3）：1-13.

[4] 郑大庆，范颖捷，潘蓉，等．大数据治理的概念与要素探析 [J]．科技管理研究，2017，37（15）：200-205.

[5] KHATRI V，BROWN C V. Designing data governance [J]. Communications of the ACM，2010，53（1）：148-152.

[6] 苏程浩．物联网技术在智慧城市建设中的应用[J]．数字通信世界，2018，158（2）：202．

[7] 吴信东，董丙冰，堵新政，等．数据治理技术[J]．软件学报，2019（9）：2830–2856．

第2章

# 城市数据治理范式

数字城市就是城市数据治理的一种范式，而数据治理的本质便是信息物理系统。信息物理系统的出现，让整合计算资源成为现实，并引入了网络空间和物理空间的合作。信息物理系统通常支持现实生活过程，提供了对物联网对象的操作控制，该控制允许物理设备感知环境并修改它。而数字城市是以数据为中心，强调数据的采集、分析与应用，是现实城市的数字化及其延伸。随着三维数字城市的进一步发展，它与现实世界的分界越来越模糊，因此可以将数字城市视为一个大型的信息物理系统。本章从信息物理系统入手，进而对数字城市的作用及资源的表现和获取进行展开来反映数字城市的本质。

## 2.1 数字城市的本质：信息物理系统

信息物理系统（Cyber Physical Systems，CPS）是建立在嵌入式系统、计算机网络、控制理论、WSN 等基础上的下一代智能系统，实现了计算资源与物理资源的结合与协调。目前，CPS 技术在航空航天、电力、交通、医疗、环境监测、能源、农业等人类社会发展各个领域的应用研究已经全面展开。在电力领域，有学者将支持向量机、马尔科夫状态控制等方法运用于电力 CPS 的建模优化，可在风能等新能源并网的情形下实现分布式电能的最优调度，提高电网运行的稳定性；在交通领域，汽车 CPS 技术不但可以提高单辆汽车行驶的安全性、可靠性和节能性，而且可以实现智能调度，有效减轻城市交通压力；在医疗领域，医疗 CPS 系统通过各医疗单元之间的实时网络化通信和决策与控制，辅助医务人员实施操作，实现了医疗资源的高效合理利用；在航空航天领域，CPS 更是很早就应用于飞控系统的研发中。

### 2.1.1 发展历程

2005 年 5 月，美国国会要求美国科学院（NAS）评估美国的技术竞争力，并提出维持和提高这种竞争力的建议。5 个月后，基于此项研究的报告《站在风暴之上》问世。在此基础上，2006 年 2 月，美国科学院发布《美国竞争力计划》，明确将信息物理系统列为重要的研究项目。

2006 年年末，美国国家科学基金会召开了世界上第一个关于 CPS 的研讨会并将 CPS 列入重点科研领域，开始进行资金资助；2007 年 7 月，美国总统科学技术顾问委员会（PCAST）在题为《挑战下的领先——全球竞争世界中的信息技术研发》的报告中列出了八大关键的信息技术，其中 CPS 居首位，其余分别是软件、数据、数据存储与数据流、网络、高端计算、网络与信息安全、人机界面与社会科学；2008 年 3 月，美国 CPS 研究指导小组（CPS Steering Group）发布了《信息物理系统概要》，提出将 CPS 与交通、农业、医疗、能源、国防等方面相结合。

2013 年 4 月，在汉诺威工业博览会上，德国正式推出“工业 4.0”，在《德国工业 4.0 实施建议》中提出：建设一个“全新的基于服务和实时保障的 CPS 平台”。2014 年 6 月，美国国家标准与技术研究院汇集相关领域专家，组建成立了 CPS 公共工作组，联合企业共同开展 CPS 关键问题的研究，推动 CPS 在跨多个“智能”应用领域的应用。2015年，NIST工程实验室智能电网项目组发布CPS测试平台设计概念，已收集全球范围内的CPS测试平台清单，正在建立CPS测试平台组成和交互性的公共工作组。2016年5月，NIST正式发表《信息物理系统框架》，提出了CPS的两层域架构模型，在业界引起极大关注。同年，德国国家科学与工程院发布了名为《在网络世界》的研究报告，对CPS的能力、潜力和挑战进行了分析，提出了CPS在技术、商业和政策方面所面临的挑战和机遇。依托德国人工智能研究中心，德国开展了CPS试验工作，建成了世界上第一个已投产的CPPS（Cyber-Physical Production Systems）实验室。

## 2.1.2　主要特征

### 让数据螺旋式上升

信息物理系统构建了一套信息空间与物理空间之间基于数据自动流动的“状态感知”“实时分析”“科学决策”“精准执行”的系统级闭环赋能价值创造体系，可以解决装备运维、生产制造、应用服务过程中的复杂性和不确定性问题，提高资源配置效率，实现资源协同优化。而CPS对数据的加工是一个“螺旋式”

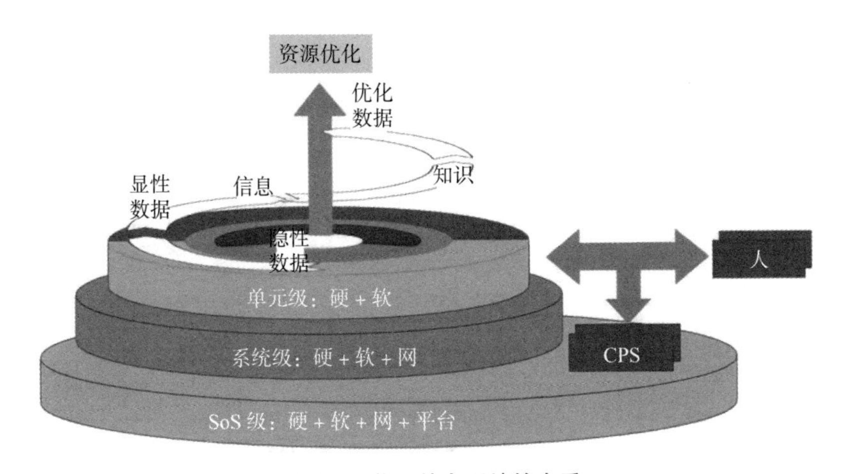


**图2–1　物理信息系统的本质**

（资料来源：https：//www.sohu.com/a/271553263_166196）

上升的过程，数据在自动流动的过程中逐步由隐性数据转化为显性数据，显性数据分析处理成为信息，信息最终通过综合决策判断转化为有效的知识并固化在CPS中，同时产生的决策通过控制系统或相关活动转化为优化的数据作用到物理空间，使得物理空间的物理实体朝向资源优化配置和活动高度协同的方向发展（图2-1）。

### 多维感知交互

信息物理系统是一个综合计算、网络和物理环境的多维复杂系统，通过3C（Computation，Communication，Control）技术的有机融合与深度协作，实现大型工程系统的实时感知、动态控制和信息服务。信息物理系统作为计算进程和物理进程的统一体，是集成计算、通信与控制于一体的下一代智能系统。信息物理系统通过人机交互接口实现和物理进程的交互，使用网络化空间以远程、可靠、实时、安全、协作的方式操控一个物理实体。中国船舶工业系统工程研究院基于系统级CPS的体系架构，结合我国海洋装备技术和应用特点，在国内首次研制以装备全寿命周期视情使用、视情管理和视情维护为核心，面向船舶与航运智能化的智能船舶运行与维护系统，为用户提供定制化服务，利用智能化运维手段，降低运行与维护成本，并进一步面向船队、船东和船舶产业链，分别设计了船舶（个体）、船队（群体）和产业链（社区）的CPS应用解决方案，为整个船舶产业链提供面向环境、状态、集群、任务的智能能力支撑。从中可以看出，信息物理系统具有数据驱动、软件定义、泛在连接、虚实映射、异构集成等特征。

## 2.2 物理空间到虚拟空间的映射

数字城市将物理空间映射到虚拟空间使用的技术为数字孪生（Digital Twin，DT），也叫镜像的空间模型（Mirrored Spaced Model）、信息镜像模型（Information Mirroring Model）。该概念在制造领域的使用，最早可追溯到美国国家航空航天局的阿波罗项目。主要是指利用虚拟化技术在虚拟空间中完成映射，从而反映相对应的实体装备的全生命周期过程。

## 2.2.1　城市数字孪生

### 城市设计数字孪生

城市建设项目具有规模大、复杂度高、周期长、涉及面广等特点，项目管理十分困难，整个项目的进度和质量难以科学管控。利用数字孪生技术，不仅可以全要素真实还原复杂多样的施工环境，进行交互设计、模拟施工，还可赋予城市“一砖一瓦”以数据属性，确保信息模型在城市建设全生命周期不同阶段的信息交换。在城市建设项目的设计阶段，利用数字孪生技术，构建还原设计方案周边环境，一方面可以在可视化的环境中交互设计；另一方面可以充分考虑设计方案和已有环境的相互影响因子，让原来到施工阶段才能暴露出来的缺陷提前暴露在虚拟设计过程中，方便设计人员及时针对这些缺陷进行优化。同时，还可以对施工量提供辅助参考。

### 城市施工数字孪生

在施工阶段，可以利用数字孪生技术中对象具有的时空特性，将施工方案和计划进行模拟，分析进度计划的合理性，对施工过程进行全面管控。例如，可以事先模拟大型设备吊装方案，在实景三维虚拟环境下检查项目设计和施工能力，通过动态碰撞分析检测物体运动过程中可能潜在的碰撞，如数字孪生城市（Digital Twin City，DTC）（图2-2）。达索系统帮助新加坡构建了数字城市，建立了一座城市的数字孪生模型，不仅包括了地理信息的三维模型、各种建筑的三维模型，还包括了各种地下管线的三维模型。

**图 2-2　生产数字孪生的应用**

（资料来源：https：//www.sohu.com/a/396514104_120681458）

## 城市运营数字孪生

项目建设完成进入运营维护，其设计、施工数据将全面留存并导入同步建成的数字孪生城市，构建时空数据库，可实时呈现建成物细节，并基于虚拟控制现实，实现远程调控和远程维护。建筑工程项目完成后，设计、施工、装配过程中的所有数据全部留存，生成完整的建筑三维模型，通过在建筑内外部空间部署各类传感器、监控设备，采集建筑环境数据、设备运行数据、构件压力和应变数据、视频监控数据、异常报警数据等并进行智能分析，对可能出现的建筑寿命、设备健康等问题进行预测预警。当出现问题隐患和故障报警时，管理人员可借助 VR/AR 设备操控智能巡检机器人进行巡查和维护，在虚拟空间中诊断和解决物理建筑中存在的实际问题。数字孪生的出现为复杂的理想设计信息和实际运行状态的一致表达提供了有效途径。同时，通过数字孪生技术可以持续监控来自机器的状态数据和制造系统的能耗数据等信息（图 2-3）。

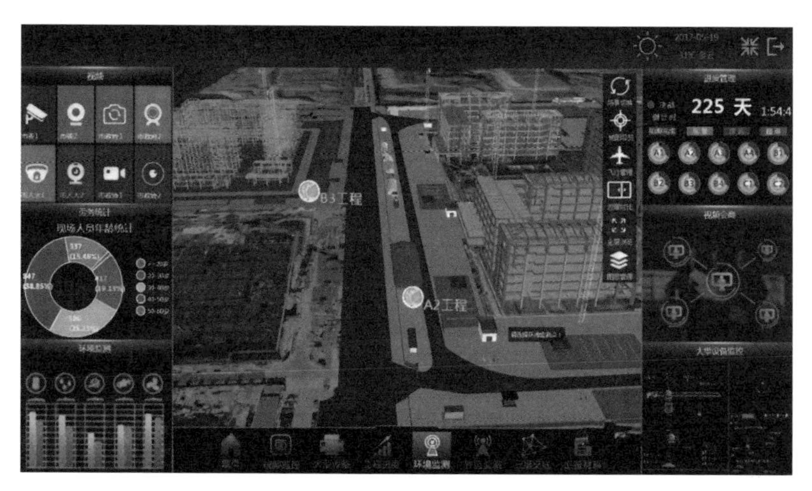


**图 2-3　时空信息云平台监管城市建设**

（资料来源：https：//www.sohu.com/a/200934574_468661）

## 2.2.2　城市数字蓝图

### 人工智能物联网

人工智能物联网（Artificial Intelligence & Internet of Things，AIoT）即人工智能与物联网的结合。物联网可以负责从普通设备到智能设备的连接，人工智能则可以使用来自各种设备的数据，持续地学习并获得预测能力。如果将人工智能引进物联网，物联网下数百亿个传感器设备将能改变它们的应用范围。数字城市是一个复杂巨大的系统，需要各种现代计算机技术的支持，如物联网、云计算、大数据及人工智能等。现今，AI 和物联网技术的飞速发展应用将把数字城市的发展带入一个新时代。在医疗领域中，AIoT 在帮助医院实现智能化医疗管理、有效扩展医疗资源、促进医药科学研究等方面发挥着重要作用，如远程智能看护、智能诊疗、智能药物研发等。

### 数字社交网络

社交网络（Social Networks，SNS）是反映社交群体的一种形式，是基于互联网技术发展和网络产品的增多而产生的，是一个可以分享爱好、兴趣生活的平台，同时可以给用户提供在线服务和帮助。社交网络平台的诞生给人们的生活带来了巨大的改变。而数字社交网络（Digital Social Networks，DSN）平台则是基于传统社交网络平台而发展的。它是以移动终端为载体，将用户的信息、状态或者位置进行采集并聚类而形成社交网络。移动社交网络的载体具有区别于传统社交平台的一些特性——便捷性、私人性。现今的移动社交网络产品有微信等。

数字社区

城市的功能是由各种核心应用系统所实现的，如城市规划地理信息系统、城市空间基础地理信息系统、房产管理信息系统、城市综合管网管理系统，电子政务系统、市民服务信息系统、城市交通管理信息系统、城市防灾减灾应急指挥决策辅助系统等。而数字社区（Digital Communities，DC）是数字城市的基本单元之一。总体来说，国外智能建筑和智能小区历经了20世纪80年代初的社区电子化，80年代中的社区自动化，90年代的美国“智慧屋”（Wise Home）、欧洲的“聪明屋”（Smart Home）的住宅数字化3个阶段。其中，建在英国伦敦北部BRE（英国最大的建筑研究机构）院内的Integer是典型的智能住宅代表作。它是由英国BBC电视台组织英国的60多家研究机构和企业，用半年的时间一次建造成功的，内容涵盖我们现在已知的宽带、家庭安全、智能服务等，还包括节能、资源再生、环保、自动化等各个领域。

## 2.2.3 城市虚拟管理

城市的网络空间

将城市的每个区域作为虚拟组织，把中央服务器的功能分散在各个虚拟组织内部，每个虚拟组织内部的其他资源作为节点，并将城市内分布的各种空间数据利用网格服务组织起来，成为一个高效的共享交互系统，为用户或应用程序提供空间数据服务。然后，将城市的空间信息资源与外界空间信息资源交互，使得城市各个区域及各城市间的空间数据进行交互共享，为城市各类应用系统提供所需的基础信息，实现城市空间信息的共享和交互平台。

城市部件管理法

城市部件管理法，就是把物化的城市治理对象作为城市部件进行管理，运用地理编码技术，将城市部件按照地理坐标定位到万米单元网格图上，通过网格化城市治理信息平台对其进行分类管理的方法。在绘制部件成果的同时，将部件的属性编码转换成相应的文字属性，存储在表示该部件的扩展数据中。城市部件的所在单元网格和位置描述（即城市部件的地址名称）也是其重要的属性信息，在内业处理时根据部件所在位置进行添加。以北京东城区为例，在对全区所有城市部件进行拉网式调查的基础上，东城区委托专业测绘部门进行了实地勘测普查。按照不同功能，将 168 339 个部件按照六大类 56 种进行分类，为每种部件赋予唯一的 8 位数字代码，并设计了相应的图例。部件的 8 位数字相当于“身份证”，输入任意的 8 位数字代码，即可通过管理平台找到它的名称、现状、归属部门和准确的地理位置等信息。

# 2.3　虚拟空间到物理空间的拓展

## 2.3.1　城市空间的拓展

虚拟空间与城市现实空间

虚拟空间指运用计算机网络建立起来的由数据构成的非物质空间形态，其重要意义在于人类可以在其非物质化的空间形态中产生社会行为，满足人的社会需求。虚拟空间与传统城市空间在各自的发展历程中不可能是相互独立的，它们必然是紧密联系、相互影响、相互依存的，而这种可以从更多维度、更多视角来感知和体验空间的多元化，探索得到空间的新秩序，并与虚拟空间相互交融的界面便是网络空间在传统城市空间中的映射。现代城市空间是由现实空间和网络虚拟空间同时组成的，现实空间与虚拟空间互为镜面对照，但又相互融合，因为网络空间是以信息媒体技术构建出来的数据空间，其空间的复杂、混沌、不可控性扩大了现实空间的尺度，给人们造成各种特殊而虚幻的心理体验。人们获取信息来源从以前的书籍演变到如今通过网络获取，这是网络的高效率导致的，人们对事件做出判断并采取行动是根据原有的知识基础外加当时获取的信息而做出的选择，网络空间对于人们的基础认知和信息获取皆有作用。

### 居住空间重构融合工作生活

在信息技术的影响下，城市居住空间有了新内涵。工业时代功能单一的社区模式将会被信息时代多功能社区模式所代替。在信息技术的支撑下，家庭办公和远程协作办公得以实现，居住空间同时拥有了居家和办公双重功能，社区不仅是居住和休闲娱乐的地方，也是工作的理想空间。同时，人们通过信息技术在社区内就可以享受到远程教育、医疗服务、网上购物、网上娱乐等远程活动，甚至可以足不出户就能满足自身生活需求。信息时代居住空间和工作空间将成为一体，城市社区将由单一功能走向多功能复合。最为典型的例子就是网络购物逐渐成为新的消费潮流，造就了“电商”这个新兴的职业。人们在家通过计算机和互联网就可以和客户交流并完成交易，家既是店铺也是库房。

### 文化空间重构丰富娱乐方式

西方政治哲学家赫伯特·马尔库塞曾指出：自动化预示着空闲时代和工作时间关系的倒转成为可能，这种可能性正在使工作时间变得很有限，而空闲时间则变得十分充裕。人们的文化娱乐活动不一定在固定场所中进行，借助电子设备和互联网，足不出户就可以进行各种娱乐休闲活动（虚拟游戏、观看电影、听音乐、阅读电子书籍）。信息技术、网络技术的不断发展，也在潜移默化地改变着人们的休闲娱乐方式。近年来，很多文化产品被搬上网络，如近两年来很火的 VR 智能眼镜，它可以让人们在家里的各个地方随时随地进行娱乐活动，将实体空间进行了进一步拓展。智能化科技空间定位让我们实现了自由移动，准确带我们进入真实的虚拟世界，感受到科技化的沉浸式体验。在这个过程中，高清的分辨率和观赏画面时逼真的视觉冲击，让我们进入了一个自己从来没有接触过的空间，享受刺激和快乐。

商业空间重构拓展消费方式

随着商业活动的繁荣和发展，仅仅通过最简单的交换模式早已无法满足顾客的需求，而体验式消费作为一种新型的消费模式应运而生，它不仅仅是单纯地满足人们简单的购买需求，更是一种从人类感官进行立体式刺激从而关注情感价值的体现，使消费者达到精神愉悦的新型消费模式。消费模式的改变必然会催生出新的商业空间。日益壮大的电子商务也改变了人们的消费方式，同时，城市商业形态也变得更加多元化，城市商业的发展模式和功能空间也迎来了新一轮的演替和升级。

### 2.3.2　城市功能的拓展

全球化

传统的城市是一个国家或一个地域范围内由一系列规模不等、职能各异、相互联系的城镇所组成的有机整体。而在信息技术推动下的全球化的深度发展，使得全球城市配置资源的内容与方式也随之发生动态变化，进而影响全球城市的功能内涵。全球城市建立了更多元的指标体系，以评价全球城市的资源配置力和影响力。全球城市核心功能演变也呈现一定的趋势，如更加彰显节点管控性、更加突出绿色可持续发展、更加重视科技创新、更加强调文化创意等。

柔性化

在工业经济时代，产业组织结构呈刚性特征，企业的主要组织形式是层级结构。但在信息技术革命时代，信息技术的迅猛发展提升了物质和能源的使用效率，产业组织普遍呈现扁平化与虚拟化特征，产业组织的刚性基本被打破，取而代之的是柔性化。在产业领域，信息化对能效提升的作用较为显著，特别是以信息化推进产业结构调整可对因技术应用引发的能源回弹产生有力抑制。城市就业结构亦呈现“软化”的特征，即从事管理、商务、金融、咨询、科研、教育等产业的人员比重增大，并成为城市中的高收入群体。

复合化

在前工业时代，居民的生活节奏较慢，城市各种功能混在一起。而由于信息技术的快速发展，给城市居住、生产、消费、娱乐等各个方面带来了巨大变革，使得城市功能空间表现出复合化及多样化的复杂发展趋势。信息技术创造的虚拟空间使城市居民的日常生活和工作空间充满了弹性，居住空间与工作空间之间的界限变得模糊，并趋于复合化。除此之外，城市功能空间也出现新的形态，如网上商城的兴起、接入信息能力的日趋重要，这些都使得城市的数字化逐步完善。

差异化

信息技术使得城市的社会组织形态趋于“网络多中心化”，但这并非意味着城市不同家庭间享有公平的接入信息技术的权利，虚拟社区也只是现实社区的延伸。边缘城市、智能社区等信息可接入性和交通可达性俱佳的场所开始浮现，但城市空间差异仍然存在，且影响因素越来越复杂。另外，城市及乡镇的信息网络规模并不平等，信息技术增强了城市作为指挥、管理中心的功能，强化了对周边区域的控制。

## 2.4 数字时空

### 2.4.1 资源空间性

城市中的资源具有空间性，通过物联网、互联网和云计算等新技术手段，借助新一代的物联网、云计算、决策分析优化等信息技术，通过感知化、物联化、智能化的方式，将城市中各种资源全方位、立体化、虚拟化地展现出来。

### 数字公民

数字公民是指公民的互联网身份，要求网民具备公民的素养和准则，可以通过使用计算机成为一个全面的、有能力的成员。人口数字化的转变，使得对于城市人口信息管理的方式发生变革。其中，云计算凭借着安全节能、高效管理、智能化运作的虚拟化技术，实现了各种资源的自由调用及利用率的最大化。因此，利用云计算及其相关技术，建立新一代高效的人口基础信息数据库，通过集约化和网络化的人口信息管理，将在人口管理信息化建设方面发挥重要的作用。该技术也使得推行人口“一卡通”信息化管理成为可能，实现了对海量人口数据的统一管理及信息的高度共享；助力政务工作的电子化，集信息查询、协调服务、信息反馈、信息共享等多功能于一体，简化并优化了工作流程。

### 生态环境的信息化

由于生态环境数据是动态的，所以可以借助可视化方法直观地表达空间数据的动态变化，进而制作随时间变化的动态地图，从而极大地丰富生态环境数据可视化的内容。为了形成生态环境大数据的数据体系，一方面要丰富现有的点位监测数据；另一方面要建立起数据交换共享机制。例如，在环保领域，微软亚洲研究院开发的Urban Air系统，用大数据模型来计算城市空气质量，从而预测雾霾。与传统单纯依靠空气质量监测数据的空气质量模型不同，大数据预测雾霾主要是通过两部分数据来预测：除了现有的空气质量监测站的实时和历史数据外，还通过气象数据、交通数据、人口流动数据、信息点数据和道路网络数据等，将不同领域的数据互相叠加，相互补强，共同预测空气质量状况。

### 2.4.2 资源时间性

根据数字城市资源的时间性，对城市资源进行动态管理，将城市的复杂性整体客观地展示给管理者，有利于及时掌握情况、客观分析问题和正确处理决策。通过数字城市的各种监测方式及跟踪城市环境状态，来寻找城乡生态环境规划、发展与保护的有效途径，创造适宜的城市环境和城乡生态环境。通过数字化手段研究城市基础设施的综合规划方法，探索适合国情与地区特点的建设模式及建设可持续发展城市的途径，进而动态监测城市建设情况和实现城市的动态更新。

#### 城市数字化治理

数字化城市治理是创新城市治理的重要手段，在城市的数字化治理中，电子政务和电子商务是两种应用很广的管理模式。它们不仅可以加强对政府业务运作的有效监管，提高政府的工作效率，大大节省城市治理的人力、物力和财力，而且将极大地促进城市建设、城市规划和城市治理迈向智能化的步伐。荷兰阿姆斯特丹启动了 WestOrange 和 Geuzenveld 两个项目，通过智慧化节能技术，降低了二氧化碳排放量和能量消耗。城市智能化交通管理信息系统（Intelligent Transportation System，ITS）集信息化、网络化、数字化、自动化于一体，可以有效地应用于地面运输的监控和管理，加强人、车、路三者之间的和谐关系。

#### 数字城市资源共享

数据资源共享是城市信息化的基础和关键，数据资源只有在关联交互和流动中才能不断产生效益，在实现市场需求的过程中，数据资源才能产生最大的社会效益。数据共享服务也是数字化城市建设的重要内容，可以实现城市数字化资源的高效利用及合理布局。新加坡建立起一个以市民为中心，市民、企业、政府合作的电子政府体系，让市民和企业能随时随地参与到各项政府机构事务中。在交通领域，新加坡推出了电子道路收费系统（Electric Road Pricing）等多个智能交通系统。在国内，上海已在支付宝上线了 60 多项移动服务，数量居全国第一，且范围涵盖公共缴费、政务、个税、交通、医疗等各种城市服务领域。

### 数字城市资源整合配置

信息互通与资源共享作为数字城市的灵魂，其目的是对城市各种数据资源进行有效整合配置，以解决数字城市建设中的资源协同共建与社会化共性问题。通过大数据技术来处理数据，可以为城市规划决策提供可靠数据支撑，形成切实可行的城市发展模式。美国迪比克市与IBM合作，利用物联网技术将城市的所有资源数字化并连接起来，包含水、电、油、气、交通、公共服务等，进而通过监测、分析和整合各种数据，智能化地响应市民的需求，并降低城市的能耗和成本。法国里昂与IBM联手建立了一个可以帮助减少道路交通拥堵的系统，通过该系统，如果运营商发现发生交通堵塞的可能，就可以相应地调整交通信号，以保持车流量的平稳。

## 2.4.3　资源的时空重构

### 重构网络连接，开启万物互联

数据逐渐成为驱动城市治理和运行的重要战略资源，数据的质量主要体现在真实性、准确性、及时性、完整性、安全性和可利用性等多个方面。如今数据开放程度越来越高，被应用的范围越来越广，但若要让其发挥最大价值，首先要保证数据本身具有很高的质量，因此需要对大数据本身进行治理。数字城市中的数据治理技术通过对资源的重构，推动了数字城市由“人”的连接走向“物”的连接时代，重构了网络连接，开启了万物互联。在这里，网络连接主体更加广泛，如worldSIM宣布推出的worldSIM Infinity，其为世界上最广泛的连接网络，覆盖200个国家，拥有超过5000万个Wi-Fi热点及600个移动网络。其次，网络连接速度更加快速，满足人与人、人与物、物与物之间端到端的高速传输需求，提升数字城市的传输能力。同时，网络连接需求更加灵活，逐步实现从万物互联向万物智联的升级迭代。

重构应用生态，创新运营模式

数据重构是指数据从一种几何形态到另一种几何形态，从一种格式到另一种格式的转换，包括结构转换、格式转换、类型替换等（数据拼接、数据裁剪、数据压缩等），以实现空间数据在结构、格式、类型上的统一，以及多源异构数据的连接与融合。数字城市通过对数据的重构，使得智慧应用由单一化、分散化、信息化向多样化、协同化、智能化应用生态升级。首先，智慧应用服务能力更加智能。例如，阿里巴巴等电商通过对交通资源的利用，优化订单设计派送路线。其次，智慧应用服务模式更加协同。智慧应用从碎片化向集成化转变，以市民为中心、以数据来驱动，提供系统化、整合化应用服务，提升政府部门间协作效率和资源利用效率。最后，智慧应用运营模式也更加多元。

重构数据价值，强化人工智能

数据是基础性资源，也是重要生产力，如果可以将这些数据更深层次地加以利用，会极大地改变人们的生活、工作和商业模式。而制约数据价值的最大因素是数据的处理速度，信息技术的使用大幅提高了这一进程，让很多过去无法利用的数据都变得有用了。美国纽约的警察通过分析交通拥堵与犯罪发生地点的关系，有效改进了治安；美国纽约的交通部门从交通违规和事故的统计数据中发现规律，改进了道路设计。

## 2.5 城市数字资源获取和挖掘

### 2.5.1 资源获取技术

全球定位系统

全球定位系统（Global Position System，GPS）是 20 世纪 70 年代美国陆海空三军联合研制的新一代卫星导航定位系统，被广泛应用于数字城市的空间参考基准的建立、空间基础信息采集与更新、摄影测量数据采集、地面测绘等方面，为数字城市建设中的数据获取提供了有力支持。城市出租汽车、公共汽车、租车服务、物流配送等行业利用 GPS 技术对车辆进行跟踪、调度管理，合理分布车辆，以最快的速度响应用户的各种需求，可以降低能源消耗，节省运营成本。除美国的 GPS 外，目前世界上还有俄罗斯的 GLONASS、欧洲的伽利略和中国的北斗定位系统。

## 地图数字化

城市地图数字化是建立城市地图数据库和城市地理信息系统的先决条件，地图数字化工作的好坏将直接影响城市地图数据库和城市地理信息系统能否正常有效地运行。同时，地图数字化也为城市规划和建筑设计提供数字蓝图。通过数字化地图测绘技术，可以提高测绘的自动化程度、简化测绘难度、提高测绘精准度，以及便于测回信息的存储。因此，城市地图数字化已经受到测绘部门的普遍关注并得到迅速的发展（图 2–4）。

**图 2–4　地图数字化助力纽约城市规划**

（资料来源：http：//www.huitu.com/photo/show/20180124/153640644080.html）

## 数字摄影测量

数字摄影测量具体来说是以数字遥感影像为基础，通过计算机进行影像匹配，自动运算识别同名象点得到其象限点坐标，再运用解析摄影测量中的内定向、相对定向、绝对定向及核线重排技术得到所拍摄物体在三维空间中的可靠信息，获得 DEM、DLG 和 HDRG，进而实现数字微分纠正，得到数字正射影像图。数字摄影测量技术在数字城市的建设中主要应用于建立数字高程模型、建立数字正射影像图和建立城市真实三维景观模型 3 个方面（图 2–5）。

**图 2–5 遥感卫星摄影为城市进行数字化测绘**

（资料来源：http://baike.baidu.com/album/290218/290218?fr=lemma）

## 激光扫描测量

激光扫描系统作为新兴的地理空间数据获取技术之一，具有快速、高效、准实时等优点，在数字地形模型构建、城市空间信息获取、建筑物内部及实体部件的获取等方面都展现出了其他技术无法比拟的优势。从激光扫描数据中提取道路信息一直是国内外研究的热点问题之一，并取得了一定的突破。例如，Clode 等人使用数学形态学来运算生成 DTM，然后利用高程信息将扫描数据分为地面点和非地面点，再利用反射强度信息将道路面初步提取出来，剔除道路面中的噪声，实现对道路的精确提取。

### 2.5.2　资源挖掘技术

#### 三维可视化与虚拟现实

三维可视化是实现数字城市与人类交互的窗口和工具。虚拟现实技术是一种通过计算机技术生成一个逼真的视觉、听觉、触觉和味觉等的感观世界，使得用户可以直接用人类的技能和智慧在这个生成的虚拟空间中进行观察和操作的技术。在数字城市中，用三维模拟技术能够生成任意位置二维图形的立体图像，用户可以自己设置各种不同的纹理和模拟选项，用动态交互的方式对未来的建筑或城区进行身临其境的全方位审视（图 2-6）。

**图 2-6　可视化让人们与城市进行全方位交互**

（资料来源：https：//huaban.com/boards/53162352/）

#### 智能决策与专家系统

数字城市为了满足政府的宏观规划、战略决策的需求，提供了智能决策与专家系统（Expert System，ES），智能决策与专家系统能为决策者提供实施的具体方案，为城市科学发展提供可靠有利的技术支持。它实现了人工智能从理论研究走向实际应用，从一般思维方法探讨转向专门知识运用的重大突破。它在城市社会、经济、生活中有着广泛的应用，如城市用地选址、最佳路径选取、定位分析、资源分配等几乎所有的决策领域。

## 参考文献

[1] 李琳利，李浩，顾复，等．基于数字孪生的复杂机械产品多学科协同设计建模技术 [J]. 计算机集成制造系统，2019，25（6）：1307–1319.

[2] AGARWAL S，KOO K M，SING T F．Impact of electronic road pricing on real estate prices in Singapore [J]. Journal of urban economics，2015，90（11）：50–59.

[3] 张旭辉．关于智能交通与智慧城市建设的融入和发展的研究 [J]. 数字通信世界，2018，166（10）：119.

[4] 魏宗财，甄峰，席广亮，等．全球化、柔性化、复合化、差异化：信息时代城市功能演变研究 [J]. 经济地理，2013（6）：48–52.

[5] 陈琳．大数据在城市规划中的应用研究综述 [J]. 建筑发展，2019，3（5）：94–95.

[6] 刘洋．大数据技术在智慧交通中的应用 [J]. 电子技术与软件工程，2018（6）：174.

[7] 程春明，李蔚，宋旭．生态环境大数据建设的思考 [J]. 中国环境管理，2015，7（6）：9–13.

第3章

# 城市数据治理顶层设计

数字城市的研究和建设正在全球兴起，各城市纷纷启动数字城市建设工程。数字城市建设是国家信息化的主要组成部分，是区域信息化的核心，是城市现代化的必由之路。加强顶层设计是城市信息化建设的一个先进而必要的起始环节，数字城市的建设是一项庞大、繁杂、涉及面广、投入资源大、科技含量高和时间跨度长的系统工程。在建设中，各城市应在对具体环境、具体业务、应用现状和问题、建设目标和建设任务进行分析的基础上，进行数字城市的顶层设计，把握数字城市各个系统之间的内在联系，符合数字城市发展目标和基本原则的要求。

## 3.1 顶层设计的概念与特征

### 3.1.1 顶层设计的概念

#### 传统顶层设计含义

顶层设计源于工程学领域的自顶而下设计，本意是“运用系统论的方法，从全局的角度对某项任务或者某个项目的各方面、各层次、各要素统筹规划，以集中有效资源，高效快捷地实现目标”。具体来说，是指针对某一具体的设计对象，运用系统论的方式，统筹总体构想和战略设计，注重规划设计与实际需求的紧密结合，对其进行结构上的优化、功能上的协调、资源上的整合，是一种将复杂对象简单化、具体化、程式化的设计方法。目前，顶层设计理念应用已不仅局限于工程设计领域，也被广泛应用于信息化、社会学、教育学、军事学等多个领域，成为一种制定发展战略的重要思维方式。

城市顶层设计含义

城市顶层设计就是将顶层设计的方法与理念运用到城市发展领域，从全局的视角出发，对城市发展进行总体架构设计，对城市的各个组成要素、各个层面、各种参与力量，以及各类影响因素一并进行统筹考虑。数字城市顶层设计是以数字城市为导向和目标的城市顶层设计，与数字城市发展战略规划更强调宏观性、原则性和前瞻性有所不同，数字城市顶层设计则强调系统化、清晰化、可操控。数字城市顶层设计是数字城市发展规划的延续和进一步细化，是介于总体规划和具体建设规划之间的关键环节，具有重要的承上启下作用，也是数字城市落地实施的重要前提和参考依据。

### 3.1.2 顶层设计的特征

整体关联性

对数字城市进行顶层设计，一方面可以使得城市中的数据及时准确地更新，为政府各职能部门、企业、公众提供可以直接利用的数据或服务，减少重复建设，使用户免去空间基础数据的更新和维护上的烦琐操作，也可以将各职能部门的专题数据通过平台共享给其他用户，实现无缝集成；另一方面可以对数据进行更好地管理，通过使用先进的空间数据库引擎技术，既可以使得海量影像数据快速浏览和组织管理，又可以使其快速显示。与此同时，数字城市顶层平台的建设特别考虑了实用性和易操作性的需求。针对不同的单位和个人，提供了强大并且丰富的地理信息查询和统计功能，不同的单位和个人可以根据各自的实际需求，对感兴趣的区域进行空间查询和统计操作，从而更加快捷地获取具有更高价值的实际信息。

实际可操作性

数字城市的顶层设计以空间信息基础库为核心，以多源数据的集成为基础，以可视化应用服务为目的，内部建设通用的空间数据管理、空间数据查询、显示和空间分析等服务，并集成空间数据服务接口所提供的各种服务功能，为各种业务应用系统提供应用接口或直接向不同等级用户对象提供空间服务。平台提供面向服务的空间数据发布功能，而不是在多个地方冗余地提供功能和数据资源，使得各个用户机构对内或者对外都可以利用服务的形式收集、提供信息。同时，通过顶层设计可以以服务的形式将地图数据、遥感数据、地址数据、专题数据等有效地进行集成，同时发布统一的空间数据查询、检索、统计和分析等功能，可以实现空间数据交互和共享，并且可以为其他各种不同的应用系统提供访问接口。

### 3.1.3　顶层设计的需求

科技愿景

在城市数字化建设过程中，要实现科技愿景，首先要以大数据、物联网、云计算等技术在构造感知层、网络层、平台层中的应用和发展为核心，实现数字城市集成开发环境（Integrated Development Environment，IDE）发展目标。其次要以信息技术为基础，推进航空航天、汽车、海洋装备、集成电路等产业的智能化程度是数字城市科技发展的第二阶段目标和思路，科学技术是数字城市发展的基础和保障，要想驱动城市长效发展，核心是应用科技手段发展智慧产业。

### 产业愿景

数字城市的构建一方面要创建新兴数字产业，重点构建以物联网产业为代表的信息技术产业和以文化、创意产业为主导的新兴服务业两大数字产业体系，通过产业发展延伸和拓展产业链，提升城市经济增长能力，同时鼓励新型战略产业中商业模式的创新和演化发展，重视与数字城市相关的新市场开拓。另一方面要提升传统产业的竞争力，改造和升级传统产业，重点考虑电子商务体系、企业信息化示范工程等项目的实现，增强数字城市面对经济下行、金融危机等形势下的经济发展适应能力和抗风险能力。

### 社会愿景

数字城市的社会愿景是多层次和多领域的。要实现数字城市的社会愿景，需要从以下几个方面入手：第一，完善文化、艺术、娱乐相关基础设施，构造具有人文精神、文化气息的人文城市。第二，鼓励文化多样性，提升对不同需求、不同文化形式的包容性，努力创造条件使多种外来文化、小众文化与城市主流文化融合并蓄，实现文化引擎的功能。第三，创造条件吸引人才，构造智力资本城市。数字城市自身先进的产业体系，完备的教育、医疗设施，宽容的文化氛围，便利的社会服务等对于人才有较大吸引力，进一步通过制定住房、福利、薪金等优惠政策，吸引数字城市建设稀缺人才。第四，构建绿色宜居城市。数字城市在满足居民物质需求、精神需求的同时，应满足对优良生活生态、环境的需求，实现人与自然的和谐相处。

## 3.2 总体架构

### 3.2.1 功能体系设计

#### 基础要素体系

城市要素是空间环境、城市物理形态和经济社会形态的现实构成元素，是一个城市最基本的组成，是由城市主体、社会资源、城市基础设施、自然资源、信息资源、人文资源六大核心要素体系组成的宏观系统。其中，城市的主体是人，城市主体的智慧化最主要在于促进人与组织充分应用新技术，提高人的综合素质，提升组织运作效率、创新活跃度和社会参与度。自然资源是自然界存在的天然物质与能量，数字城市建设对自然资源的数字化主要关注两个方面：一是对自然资源状态的感知、收集与管理；二是对自然资源的保护，通过制定相应的规则，并依托信息化监控手段或其他环保技术来实现。城市基础设施的智能化就是运用先进技术使城市的基础设施要素能够更加灵敏、智能，如智能水网等。城市社会资源的智慧化旨在使城市中与人类生产和生活密切相关的运行与服务体系能够更便捷、更人性化，更好地满足人的需求，如智慧医疗、智慧教育等，而数据信息已经成为城市发展的一种重要的新型资源要素，是数字城市的核心战略资源。人文资源是在社会经济运行与发展过程中形成的，包括人的知识、精神和行为，是数字城市建设的一个重要领域，应进一步挖掘。

#### 运行管理体系

数字城市运行管理主要是从政府综合管理的角度，对组成城市运行的各个资源要素与系统进行综合协调，以实现城市运行信息的向上汇聚，以及指令的迅速传递和调控。数字城市运行管理体系建设的一个非常关键的问题是实现大系统的整合，通过横向整合，创新城市治理模式。城市综合运行管理中心作为实现水平协同联动的大系统平台与管理中心，将主要面向城市中的自然资源保护与开发利用，以及包括基础资源、社会资源、社会主体在内的各个条块与领域，承载信息整合、汇聚、监测、分析、指挥、预警、调控、决策功能，处理与城市运行有关的日常运行管理与应急联动管理，实时反映城市运行状况，提示城市运行风险，实现对城市运行的实时化、精细化和智能化管理（图 3–1）。

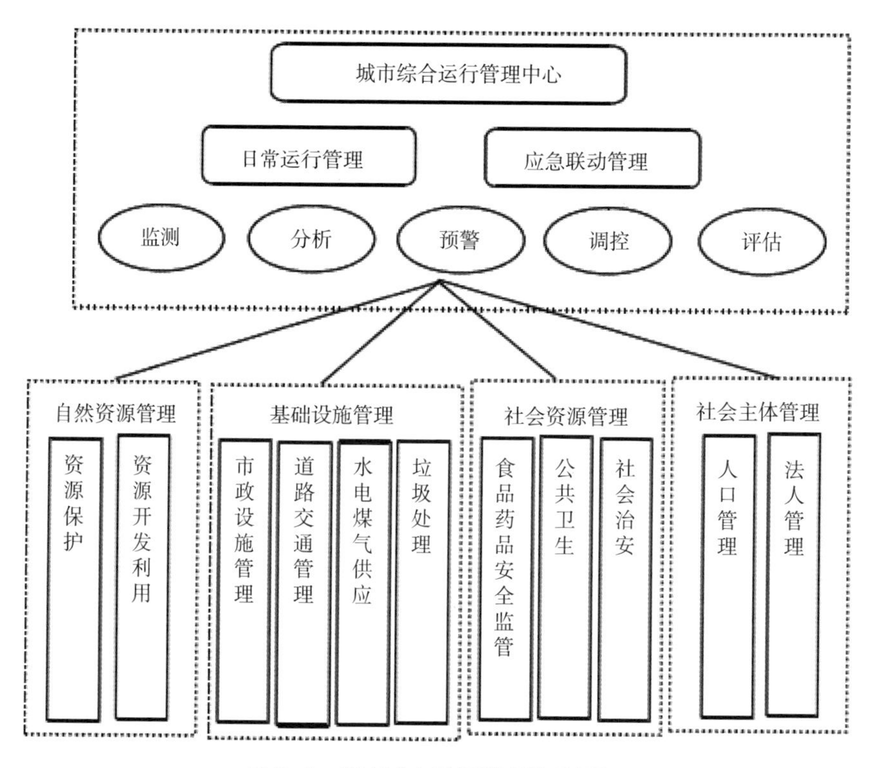


**图 3–1　数字城市运行管理体系框架**

[资料来源：陆小敏，陈杰，袁伟．关于智慧城市顶层设计的思考[J]．电子政务，2014（1）：15–22.]

## 公共服务体系

数字城市的服务体系是一个集政府公共服务和公众、企业、其他社会组织服务于一体的开放式综合性服务体系。其主要特征有两个：一是能最大限度地调动社会主体的参与积极性；二是能充分运用先进技术，为城市主体提供及时、互动、高效、个性化的服务，满足城市主体的各类需求。目前，数字城市的服务内容主要涉及文教卫体、休闲娱乐、社保就业、交通、社区、金融、商业、物流、保险及政府基本公共服务。数字城市的服务渠道主要依托移动终端、开放式服务平台、感应终端、社交媒体及邮件传真，服务方式也将由以往的被动式服务向主动式服务转变。同时，对于数字城市公共服务体系的建设要满足以下几个特征：①均等性。城市范围内的个体均能平等享受已有的各项服务。②全面性。已有的服务基本上覆盖用户的现实需求。③准确性。提供的各项服务及时到达服务对象。④多样性。提供多种服务渠道，满足用户随时随地介入服务的需要。⑤个性化。根据用户需求对服务进行细分，提供满足用户个人需求的服务（图 3–2）。

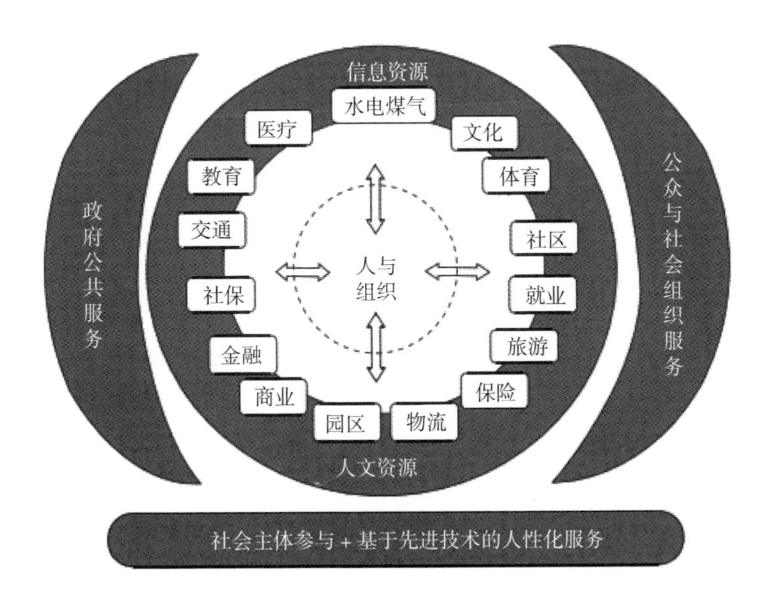


**图 3–2　数字城市服务体系框架**

[资料来源：陆小敏，陈杰，袁伟．关于智慧城市顶层设计的思考[J]．电子政务，2014（1）：15–22．]

## 技术支撑体系

数字城市中的技术主要包括信息安全技术、感知技术、计算技术等。其中计算技术（包括大数据、云平台、射频数据采集等）可用于城市的智能规划和设计，将其作为一套完整的类型和设计概念（密度、紧凑性、多样性、混合土地利用、可持续交通和生态设计），作为城市物质空间布局和组织的基本依据。感知技术则通过通信模块（包括无线传感网、RFID读写器、各种终端设备）对物理实体进行连接，实现对物理世界的智能感知识别、信息采集处理和自动控制。而信息安全技术是保证数字城市能够安全稳定运行的坚实基础，主要包括信息加密技术、信息对抗技术、信息安全服务技术。

法律保障体系

数字城市的有效运行需要设计适当的规则、制度、标准，而法律法规体系是城市运行与治理强有力的保障。由于数字城市是以物联网、云计算、下一代互联网等新一代信息技术在城市经济社会各个领域的充分运用、深度融合为主线，是以最大限度地开发、整合、融合和利用城市资源要素为核心，因此，数字城市的法律法规体系应充分考虑信息化、低碳化特征，围绕数字城市的管理、服务和安全，形成相应的法律法规、机制体制、标准规范。

### 3.2.2 云平台支撑架构设计

软件即服务

软件即服务（Software as a Service，SaaS）是通过Internet提供软件服务的模式，厂商将应用软件统一部署在自己的服务器上，客户可以根据自己实际需求，通过互联网向厂商定购所需的应用软件服务，按定购的服务种类多少和使用时间长短向厂商支付费用，并通过互联网获得厂商提供的服务。SaaS应用层在数字城市各个领域进行细分应用部署，其中既包含按地域划分的省市级应用，又包含按行业划分的全国性直管型应用。所有的应用都通过云平台统一门户进行展现。SaaS模式已经在全球得到了广泛认可，并得到大范围的普及和全面发展。Salesforce.com 公司最早提出 SaaS 模式，是目前企业应用软件领域中最为知名的供应商，已成为 SaaS 领域无可替代的标杆企业。

### 平台即服务

平台即服务（Platform as a Service，PaaS）是指把服务器平台作为一种服务提供的商业模式。PaaS 是云计算技术与业务提供平台相结合的产物，它不但可以为更高可用性、更具扩展性的应用提供基础平台，还可以提高硬件资源的利用率，降低业务运营成本。PaaS 主要实现数字城市中各类资源和能力的调度管理，以及中间件的统一管理和资源动态共享，还可以将平台自身功能、运营商自有系统和第三方合作伙伴系统的功能进行整合，使其能够通过标准的服务接口，向数字城市上层应用提供能力和数据资源调用。目前，以 Google、新浪为代表的众多互联网公司都推出了基于云计算技术的 PaaS 平台，如 GAE（Google App Engine）和 SAE（Sina App Engine）。

### 基础设施即服务

基础设施即服务（Infrastructure as a Service，IaaS）是指用户通过网络可以从完善的计算机基础设施中获得服务。IaaS 将硬件设备等基础设施封装成服务供用户使用，通过网络向用户提供计算机（物理机和虚拟机）、存储空间、网络连接、负载均衡和防火墙等基本计算资源。用户在此基础上部署和运行各种软件，包括操作系统和应用程序。IaaS 层采用统一的硬件资源，通过 IaaS 服务向 PaaS 平台及各个专业应用的平台层提供服务，负责物理设备自身和虚拟资源池的健康运转和管理，负责对各类资源池进行容量分配及控制等。IaaS 公有云平台是当前云计算平台最重要的一种表现形式。自亚马逊通过其弹性计算云（Elastic Compute Cloud，EC2）实施 IaaS 以来，面向公众服务提供计算资源和存储资源的平台不断推出，如 Scientific Cloud、Open Nebula、Eucalyptus 和 IBM Blue Cloud 等。

## 3.3 分层场景设计

### 环境资源顶层设计

环境资源顶层设计是城市居民赖以生存和成长、城市赖以运行和发展的保障，是城市发展的根基。从传统城市到数字城市，环境资源平面首先需要自身本体功能的建设和完善，实现城市资源的高效利用和可持续发展的目标，实现“美丽中国”的美好蓝图。通过合理的城市密度和城市空间规划，可再生能源体系和区域冷热电三联供能源利用体系建设，发展高产值低能耗的绿色经济，建设绿色大楼、绿色工厂、绿色因特网数据中心等绿色单元，实施公共设施节能减排，构建再生资源回收利用体系等一系列措施，推动低碳城市的建设，倡导和鼓励绿色消费，构建高效的资源再生循环网络，推动生态园林城市建设，加强环境监控保护，建设优美宜居的城市环境。在完善本体功能的基础上，采用先进信息技术促成资源环境系统效能提升。建立健全资源能源综合利用效率监测和评价体系，构建城市范围集中能耗统一监管系统，实现节能减排目标的可管和可控。构建泛在环境监测感知系统，实时监测城市环境现状，形成实时和历史的城市环境监测全视图，完善污染治理监督体系，辅助城市环境管理和整体规划。

### 基础设施顶层设计

城市基础设施包括工程性基础设施和社会性基础设施两类。基础设施顶层设计首先应进行自身本体功能的建设和完善。中国城市基础设施普遍存在历史欠账，想要解决这些问题，需要从城市的各个方面着手。例如，地下管网设施系统性改造、公共交通出行设施的优先发展、城市道路网络系统的完善、城市照明系统的完善、生活垃圾分类回收体系和存量治理、危险品全生命周期过程监控体系、城市消防体系的完善等。在此基础上，借助各种信息新技术和信息设施，实现基础设施智能化能力和综合能力的全面提升。通过在传统基础设施上增加感知、交互、智能判断等功能，实现城市基础设施的升级，以及传统基础设施的精细化管理、效能提升和全程全网协同。通过物联网、云计算和大数据等新技术实现传统基础设施的升级和完善，使其使用价值最大化。

### 新基建顶层设计

新基建的顶层设计，需要做好两个规划：一是要做好专项规划，新基建的建设不是一窝蜂地齐头并进，而是应该有重点、有先后地来安排。各地区、各行业应该根据自身实际情况寻找新基建的重点突破口，并不是所有地区都应该建设大数据中心，也不是所有行业都适合人工智能，要量力而行、因地制宜。二是要做好投融资规划，新基建的“新”，不仅要体现在新技术、新能源，还要体现在新理念、新方法、新模式。传统基础设施建设中出现过的重复建设、无序建设、过度建设等老问题，应该在新基建中尽量规避，不能穿新鞋走老路。在传统基建领域，基本上都是地方政府说了算，但在新基建领域，地方政府的主导权将大大降低。

### 金融顶层设计

对于金融的顶层设计，主要是要着力加强供给侧结构性改革，就是通过金融创新创造出更多优质高效、能满足客户个性化需求的金融产品，提高商业银行助力企业发展的水平，积极发展普惠金融，优化金融资源配置，最终实现金融业的变革转型。供应链金融是商业银行在供给侧改革中的一项重要创新，近年来，随着利率市场化进程的逐渐加快，商业银行利差也在不断收窄，传统的盈利模式已经难以支撑起银行未来的发展，所以商业银行必须加快金融创新，通过打造自己的特色化金融产品来提高自身的市场竞争力。

### 公共服务顶层设计

完善、高效的城市公共服务是数字城市的出发点和落脚点，而数字城市公共服务包含智慧金融、智慧社区服务、智慧教育、智慧社保、智慧平安和智慧生态等方面。其中，智慧金融是构建数字城市的重要内容。例如，城市住房金融公共服务平台是一个依托现代电子信息技术和互联网及各商业银行网点、信息丰富完整、面向市民服务的大型平台，它使整个社会的住房金融等服务得到更充分、更合理的利用，使市民就近享受便捷的住房金融服务。

### 公共交通顶层设计

数字城市中的公共交通顶层设计包含了很多方面，如城市中的自动化交通系统设计、城市中的交通流量监测系统设计，以及交通跟踪系统设计等。智慧交通的各项研究为未来城市交通展开了一幅充满想象和潜力的图景。例如，马思达尔新城将开发地下空间，以容纳各种系统和运输基础设施，而地面则主要服务于行人。市内将安装3000辆PRT车辆（每辆可乘坐4名成人及2名儿童），区域内设置超过85个PRT车站，PRT车辆每天旅行13万次，最长的旅程不超过10 min，PRT车辆使用锂－磷酸盐电池充电1.5 h，最多可行驶60 km。在此基础上还设置了一个快速运输系统，每次能够运输1.6 t货物。

### 信息资源顶层设计

对信息资源进行顶层设计时，要遵从3个坚持的原则：要坚持信息的互联互通，摒弃以往信息化建设中存在的各自为政、资源分散、重复建设等做法；要坚持信息资源的整合利用，要大力推动政府信息资源开放，扩大政府信息资源目录范围，完善政府信息资源开放渠道，统筹开展政务信息资源的整合利用；要坚持应用的融合创新，通过融合创新提升和扩大业务发展效能和范围。同时，信息资源的顶层建设，离不开6个基础支撑体系的建设，即覆盖城乡的网络体系、统一基础云平台、公共信息服务平台、城市公共基础数据库、统一应用门户及应用终端体系。

# 3.4　生态圈设计

## 3.4.1　多平台的网络链接

### 打通数据孤岛

大数据只有“用起来”，才能向“深加工”拓展。数据可谓无处不在、无时不有，一些过去只能“亲力亲为”的事情如今都可以转化成数据的交互。例如，快递行业使用的智能分拣机器人通过数据规划出传递包裹的最优路线，效率远高于人力。但是各层级、地域、系统、部门、业务之间，“数据孤岛”丛生，所以只有打通数据孤岛，大数据“深加工”才能形成合力。蒙牛乳业因销量波动频繁、保鲜要求度高、产线供给复杂、物流网络庞大，导致内部成本控制的复杂度非常高。而在阿里云的技术支撑下，蒙牛可以从销售、排产、物流等几个方面深入进行智能化改造，打通其中的数据孤岛，从而实现成本的显著降低和效率的提升。

### 多行业数据平台构建

现有的数字城市平台的运行主要是以 Arc GIS 为主要机制的，对于这种主要针对城市规划前期进行数据采集、方案设计、设计评估的专业性平台，更倾向于地理性与空间性。而未来由于社会经济转型和城市职能转变，规划不再是一群人的事情，而将逐渐转变为所有职业者共同关注的事情，所以需要构建一个具有多方向的公共规划平台。对现在而言，由于行业间的交流较少，数据共享程度低，同时由于各行业之间数据表达与处理方式的不同，因此数据表现出分散与不集中的趋势。未来的趋势将逐渐转变为数据的综合分析与对比。在平台中，针对不同行业之间，亟须建立评价体系，建立统一标准将所有行业之间的数据进行统一化管理及融合。其中包括预测数据、现状数据及行业基础数据。对于技术手段而言，未来的城市规划将逐渐趋向于云计算，不同行业之间进行合理综合，构建不同的云模块。

## 规划决策“一张图”

“一张图”是高品质国土资源信息服务的通俗表达，即在一张统一的电子地图上叠加多个行业的专业数据，从而解决当前多部门数据共享程度不高、数据管理分散、数据格式及存储方式不一致等问题，具备数据量大、格式通用、可扩展性强、操作简单等特点。建立“规划决策一张图”服务平台就是通过充分利用现有空间数据和信息，建立数据汇交更新制度和共享共用机制。通过“一张图”数据平台，实现各行业数据的叠加分析，并通过数据的可视化管理，为决策者模拟实际场景，提供可参考的决策效果仿真（图 3–3）。

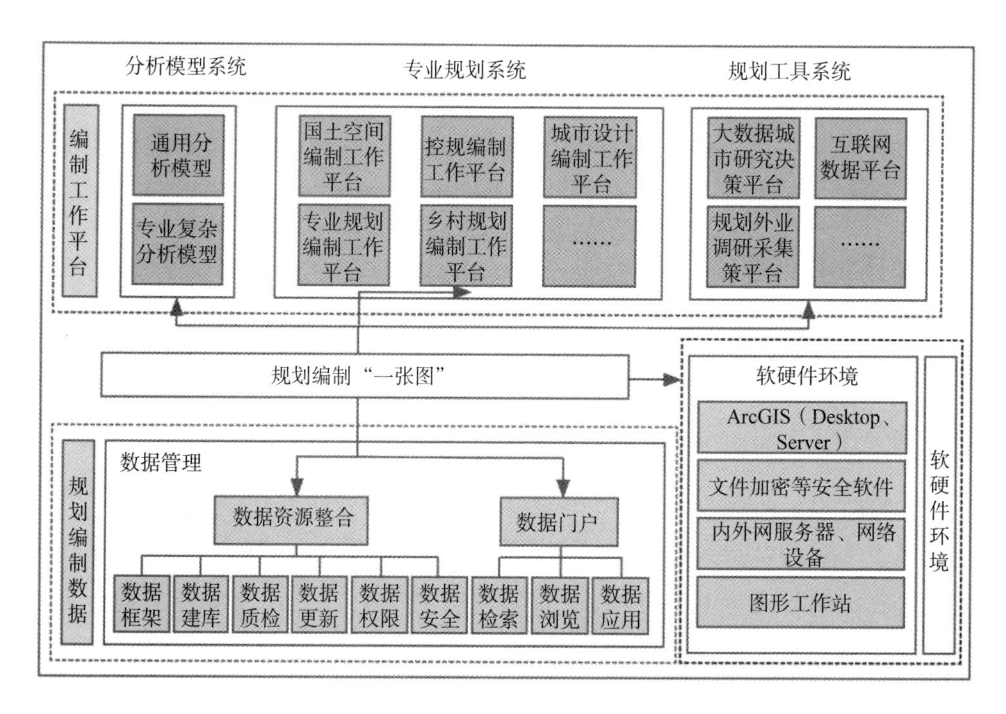


**图 3–3 城市规划“一张图”建设框架**

[资料来源：张恒，于鹏，李刚，等．空间规划信息资源共享下的“一张图”建设探讨[J]．规划师，2019（21）：11–15.]

### 3.4.2 生态共同体构建

#### 云化分享

“云化”是数字时代的一种重要创新模式，如分享经济就是生产力云化的一种体现。各种资源和能力只有实现“云化”，才能从“冰块”变成“活水”流动起来，才能真正纳入数字化管理，实现大范围匹配后的精准分配或科学分工。腾讯云大力推动“云化”创新，助力数字生态共同体的构建。腾讯云依托腾讯自身人与人、人与物及人与服务连接的优势，在数字生态共同体中扮演着重要的连接器角色，并且为各行业提供多种智慧解决方案，推动各行业数字化升级，使得数字生态共同体更智能。

#### 智连链

智连链（Intelligent Connection Chain，ILCC）是利用区块链公开分布式账本，通过 P2P 连接解决数据访问问题，基于区块链的共识机制打造的新型人工智能数据处理系统。传统的区块链解决了在不可信的信道上传输可信信息、价值转移的问题，而共识机制解决了区块链如何在分布式场景下达成一致性的问题。共识机制在去中心化的思想上解决了节点间互相信任的问题；智连链在区块底层引入人工智能，从方方面面让 AI 参与更多以前需要人类才能完成的判断和执行，并引入集体智慧和“合约宪法”，同时利用人工智能自身的学习能力，不断进化区块链本身，实现一个具备真正人类意识与思维的区块链生态，最终为世界构建一个用户友好、面向数据服务的生态系统。

#### 深度融合

人工智能是人类在经历机械工业、电气工业、化学工业和信息工业之后，由知识与信息共同结合的产物，其代表的是更高的生产力水平，意味着一个全新时代的到来。从国际经济竞争和各国经济发展的现实情况来看，加快实体经济与人工智能技术的深度融合，创造新模式、新业态、新产业，改造和提升传统产业，全面推进智能制造产业，正日益成为破解当前经济发展问题的重要突破口。因此，我们需要深化人工智能技术在实体经济中的广泛应用，实现实体经济与人工智能的深度融合。在日本，他们将分 3 个阶段推进人工智能的发展，以此大幅提高日本的物流、制造、医疗及护理等行业的效率。日本政府已经将人工智能技术视为带动未来经济快速增长的“第四次产业革命”的高尖端核心技术。

## 参考文献


[1] 董晓霞，吕廷杰．云计算研究综述及未来发展[J]. 北京邮电大学（社会科学版），2010，12（5）：76–81.

[2] 任易，李炜．IaaS 云平台资源池网络管理子系统的设计与实现[J]. 电信工程技术与标准化，2015（2）：53–58.

[3] FERNANDEZ-ARES A，MORA A M，ARENAS M G，et al. Studying real traffic and mobility scenarios for a Smart City using a new monitoring and tracking system [J]. Future generation computer systems，2016，76（11）：163–179.

[4] CASSANDRAS C G．Automating mobility in smart cities [J]. Annual review in control，2017，44：1–8.

[5] 房秉毅，张云勇，李素粉．基于云计算的智慧城市平台设计[J]. 信息通信技术，2013(5)：6–11.

[6] 赵楚婷．基于网络多行业互动交流平台的城市规划模式变革[C]. 中国城市规划年会，2015.

[7] GOHAR M，MUZAMMAL M，RAHMAN A U．SMART TSS：Defining transportation system behavior using big data analytics in smart cities [J]. Sustainable cities & society，2018，41：114–119.

第4章

# 数字智能：大数据驱动的城市管理决策

随着信息技术的发展，城市中产生海量数据，只发展基础设施的城市无法做有效的治理，只有重视海量数据带来的信息量，减少数字孤岛和数字鸿沟的形成，才能使二者并驾齐驱服务于城市的治理。因此，本章分析了城市数据治理的技术基础，首先从整体视角分析现代城市在运行中产生了哪些大数据，即城市需要对哪些数据进行治理；其次进一步从时间维度上对数据进行全过程管理，通过大数据和人工智能技术感知数据中蕴含的信息，以及信息整合得到的背后的知识，进行面向事件的决策；最后从决策者的角度，基于以上基础性决策，进行城市级的因果推理，弄清城市规划和运行背后蕴含的因果关系。

## 4.1 数字上的城市

城市大数据是指城市运转过程中产生或获得的数据及其与信息采集、处理、利用、交流能力有关的活动要素构成的有机系统，是国民经济和社会发展的重要战略资源。城市大数据来源丰富多样，广泛存在于经济、社会各个领域和部门，是政务、行业、企业等各类数据的总和。同时，城市大数据结构异构特征显著，数据类型丰富，数量大，速度增速快，处理速度和实时性要求高，且具有跨部门、跨行业流动的特征。如果使用得当，这些大数据不仅可以及时反映出城市中存在的问题，也可以用来解决城市所面临的挑战。城市计算就是要用城市中的大数据来解决城市本身所面临的挑战，通过对多种异构数据的整合、分析和挖掘，来提取知识和智能，并用这些智能来创造“人—环境—城市”三赢的结果。

### 4.1.1 城市画像：概念和作用

#### 概念

类比来看，城市画像是用户画像应用在城市层面的拓展，是借鉴大数据环境中用户画像思想应用在城市研究中的一种探索。用户画像的最终目的是对目标用户进行潜在行为的分析，以此进行精准的服务与营销预测，而城市画像的最终目的则是要通过画像帮助城市管理者对城市进行规划、建设与运营。城市画像是一种构建城市数字空间的方法，其利用数据组织、融合与分析等技术将城市数据转换为智慧数据，用以刻画根据城市构成要素分面建模得到的城市数字空间框架，进而构建能够借助可视化技术全景化呈现城市运行状况的城市数字空间。城市画像是城市数字空间的产品形式，也可以理解为城市空间运行状况的数据化表现形式，是针对某一特定需求，从城市数字空间画像中抽取后得到的能够直接或者间接地为用户提供信息支持的直观、有意义的城市数字空间产品。因此，城市画像是将城市发展过程中所包含的物理世界和人类社会所形成的大数据资源，通过信息组织与融合，在信息空间进行映射，结合综合标准与指标体系，进行分面建模，最终通过可视化等综合技术展现的一种技术建构。

#### 作用

三类城市空间以数据为桥梁进行跨空间交互，表现出相互依赖、互为作用的特征。通过数据的交换与共享，能够直接或间接地影响彼此的运行状态，实现空间之间的相互联动与控制，使城市能够成为由数据辅助治理、运行、发展的综合有机体。为此，可将城市数据作为联动物理、社会、信息空间的有效工具，以探究如何实现城市的统一化治理与服务。对城市进行数字画像的主要目的，是将城市发展过程中所形成的大数据资源通过可视化等综合技术展现给用户，保障城市运行安全平稳有序，提高城市突发事件快速反应能力，提升政府管理科学决策水平，提供方便快捷的用户服务，促进城市产业可持续发展。它的目标是通过大数据的支撑，在科学规划、实时监控、公众参与、社会监督和客观评价的过程中，使城市的各方面都有更合理的规划依据；通过物联网、大数据及互联网的概念与技术，保证城市的管理人员能够把握城市的运行状态；依托准确的信息，实现精准治理，提出城市发展问题的智能解决方案和考核机制；通过城市数据画像的高效服务，向市民提供方便、精准和快捷的服务。

### 4.1.2　社会经济维度

#### 经济路径画像

经济路径是指对经济发展进行路径探寻，这要靠社会经济数据网格化实现。社会经济数据格网化是指在地理信息系统和遥感等现代空间信息技术支持下，将传统的、以基层行政区为统计单元的社会经济数据按照一定规则分配到地理格网上。社会经济数据格网化满足 3 个基本要求：时间可比、空间一致及逻辑自洽。社会经济格网数据库生产过程的主要步骤为逻辑检查、空间匹配、代码匹配、空间离散和检查校验；研究对国家尺度社会经济指标的空间离散过程和离散模型、不同层级社会经济数据的整合和离散策略。在对未来区域经济变化特征进行分析时，可以应用区域经济格网化的方法，基于格网化的经济全要素数据，建立影响经济增长的本地化参数集，根据不同共享社会经济路径的发展方案对参数进行调整。采用经济预测模型，创建不同路径下的中国及省域的经济发展区域情景，预测中国经济发展空间变化。例如，通过四川省 GDP 空间化实验，得到 1 $km^2$ 的格网 GDP 空间分布数据，进而能够分析出四川省 GDP 高值区分布在以成都市为中心的成都经济区，较真实地反映了区域经济的空间分布特征。

### 经济韧性画像

大数据统计技术从诸多数据内找寻了经济发展规律，并且其在宏观经济分析中产生的效果极高。利用面向大数据的人工技术对社会经济数据进行分析，可以识别企业级或者城市级面对经济危机时的恢复力。经济恢复力是区域经济从导致经济偏离既定发展路径或经济衰退的冲击中恢复均衡状态的能力。其中，最关键的一步是利用大数据进行特征选择，通过特征空间的构建，精准预测经济恢复力。米兰理工大学曾有学者通过建立空间计量经济学和预测模型，使用场景构建方法分析认为城市在区域中发挥重要作用的韧性。城市规模变化与城市职能变化是区域经济韧性发展的重要因子，尤其是高附加值活动、更高质量的生产要素、更高的外部联系和合作网络密度，以及更优质的城市基础设施有利于城市及其所在区域的经济韧性提升。

### 经济态势画像

近年来，很多研究者开始利用大数据高频、即时的特点，通过构建与传统经济监测指标具有高度关联性的同步指标，提高经济监测的效率，也就是近年来十分热门的“现时预测”（Nowcasting）研究。例如，美国经济学家亨特·克拉克（Hunter Clark）、马克西姆·平可夫斯基（Maxim Pinkovskiy）、夏威尔·萨拉－伊－马丁（Xavier Sala-i-Martin）等人均利用过夜间卫星灯光亮度数据对区域和国别经济生产率数据进行现时预测。它可以作为 GDP 及其增长率的代理指标，也可以基于它对 GDP 数据进行调整和评估。此外，它可以解决传统经济数据难以解决的问题，即反映和衡量经济活动空间分布。夜间灯光数据作为一种地理空间栅格数据，相对于 GDP 等传统数据，突破了行政边界的限制，能够反映经济活动在地理空间维度的动态变化。夜间灯光均值和 GDP 之间呈正相关，较亮的夜间灯光照明与较高的GDP紧密相连，一个地区的卫星观测数据可以更为准确地揭示当地的经济发展水平（图4-1）。

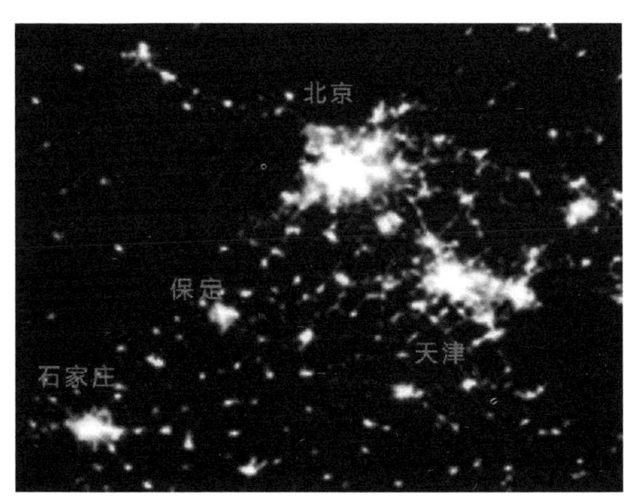


**图4-1　从夜间灯光看区域经济发展（灯光均值与GDP呈正相关）**

（资料来源：https：//www.sohu.com/a/137363636_650222）

## 4.1.3　公共服务维度

### 城市公路网设计

除了大力发展智慧交通基础设施建设外，城市的交管部门同时也在研究和利用交通数据，以更好地为市民服务。智能交通数据是典型的大数据，包括公路数据、桥梁数据、气象数据、交通工具视频监控数据、交通工具定位数据、事故数据等。如何有效地分析和利用城市居民产生的交通数据，反过来服务于城市的交通运输管理，改善用户的出行体验，是数据治理应用于城市交通的核心价值所在。例如，可以利用城市交通大数据致力于解决通勤不平等现象，以设计可持续交通。也有学者利用出租车轨迹数据提出一种约束优化模型来为“出租车食堂”选择位置。将交通相关数据通过可视化平台分析，还可以实时得到每阶段的路况信息及相关交通事件信息。

## 多层次轨道交通与机场的衔接

党的十八大以来，在以习近平同志为核心的党中央坚强领导下，我国深入实施区域协调发展战略，如京津冀协同发展、粤港澳大湾区建设、长三角一体化发展等。这类区域城市群的协调发展，会极大地带动该区域的经济增长。将轨道交通引入机场，提升综合集疏运能力，建设协同共享的城市机场群，是各个区域协调发展的重要内容之一，机场航站楼在城市群发展中将扮演越来越重要的角色。以成都天府国际机场为例，在选址上，成都天府国际机场选在了成都市龙泉山以东，其目的之一便是更好地把机场影响力辐射到东面的各级县市。天府国际机场楼前引入蓉昆高铁线（成都至昆明），并在GTC设站停靠。该线路建成后将很便捷地联系起成都与川东南城市，如资阳、内江、自贡等，也能和重庆、昆明形成良性联动，促进西南城市群之间的快速融合。从目前的发展趋势来看，大型机场与轨道交通形成多层次的交通系统是宏观层面的一个快速变化点。可以畅想，在不远的未来，轨道交通与机场航站楼之间的关系将从短距离的二元并置到一体化的以机场功能为主的空铁联运综合体。一体化的综合体设计是机场航站楼可能的发展方向。

## 公共教育资源均衡化配置

教育是城市的主要职能之一，因为主要的教育资源，特别是高等教育和专业教育的资源都集中在城市，由于教育关系到整个社会的稳定和可持续发展，因此应予以特别的重视。教育资源同样具备大数据特征，不仅数量巨大，而且种类繁多，如果能够有效整合并利用这些数据，将为城市的教育产业发展和创新带来新的动力。教育数据主要由两方面内容构成：资源（服务）数据和用户参与数据。教育资源（服务）数据主要是指数字化的教育类数据，如音视频教学资源、电子图书、公共教育服务平台、论坛等提供的教育资源等。用户参与产生的教育数据包括公民参与教育活动产生的活动记录、用户反馈，以及课件、笔记、知识产权数据等。随着高校基础设施建设的不断推进，数字校园已经普及，许多日常的教育相关活动都会留下电子记录，如教师社区、学生社区、电子公告牌、教育社交网络等（图4–2）。如何管理和利用这些教育资源和教育活动数据，使之产生最大化的社会效益，是摆在我们面前的一个新挑战。

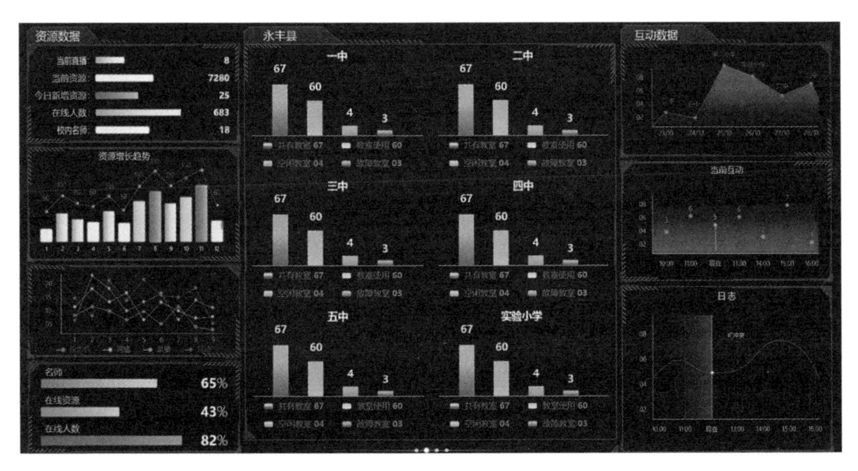


**图 4–2　在线教育可视化平台**

（资料来源：https：//www.zcool.com.cn/work/ZMjc3MTMyOTI=.html）

## 公共卫生

公共卫生相关的数据类型繁杂，有来自医院病历、医生记录等人工数据，也有来自医学仪器设备等采集到的机器的数据。这些数据中，患者的个人信息、入院出院记录等是结构化的数据，诊疗数据、医学影像数据等是半结构化或非结构化的数据。各类数据结构不统一、存储分散。在进行数据处理时，应对各项差异逐步统一，使得不同的数据源逐步结构化、条理化，然后进行数据分析和处理。例如，在临床诊疗上，通过大数据分析可以针对疾病诊断、治疗和分析形成模式化的诊疗分析，为医生的临床决策提供依据，降低误诊率。在疾病预防方面，可以对相关的医疗数据进行关联和分析，形成疫病预防预案，有效针对不同的传染疾病进行预防和监控，减少患病概率。

### 4.1.4 城市环境维度

#### 建筑空间环境行为画像

环境行为学致力于研究建筑中人的行为规律，是建筑设计的重要基础。在大数据时代，在更微观的建筑室内外公共空间层面，随着室内定位技术（Indoor Positioning System，IPS）的成熟和广泛应用，人们行为的数据变得更易获得，使得基于大数据的空间行为研究变得越来越可行。基于 Wi-Fi 系统的 IPS 系统采用三边定位原理，根据接入点（Access Point，AP）接收到的移动设备信号强度（Received Signal Strength，RSS）估算距离，并在多个 AP 形成的网络中根据几何关系推算移动设备的空间位置。IPS 系统能够记录其覆盖范围内的多个移动设备在不同时间点的空间位置，形成海量数据，这些数据与建筑空间形态、功能布局等信息相结合，为行为分析提供多种维度。

#### 自然环境画像

城市环境的影响因素包括：土地、水和能源在内的资源的利用；废物、废水的处理处置方法；工业用和家用化学制品其性质和严重程度受城市居民财富的分配和消费模式的强烈影响。重视城市环境大数据的管理，提高水、化石燃料和木材与矿物资源等资源的利用效率；减少废物的产生，提高废物的再循环和再使用率，从而促进数字城市可持续发展。建筑室内环境检测精度高、参数多、可靠性好，但是采样复杂、分析时间较长、仪器设备较贵。在线监测系统作为有效的环境大数据采集措施被提出，行业发展迅速。在线监测系统是实时监测与环境控制的信息收集平台，在线监测系统在线数据可以提供室内外浓度差异，同时可以评估不同技术改善室内环境质量的效果。

#### 碳足迹画像

从宏观层面来看，中国每年产生的二氧化碳中有很大一部分是由产品出口所驱动的，制定本地化的减排策略需要对因全球消费而造成本地碳排放空间变化的影响有清晰的认识。另外，随着城市和企业等在气候变化减缓行动中的作用越发突出，更有必要将产品的最终消费和直接控制碳排放的减排行动个体链接起来。以往的研究未充分考虑我国省际贸易或缺少空间排放上的细致刻画，使得我国的减排行动个体与驱动排放的下游消费者之间进行合作减排行动有一定的障碍。结合中国碳排放的空间大数据，同时考虑国内省际及国际贸易，可以绘制世界各国消费层面通过国际贸易在中国产生的碳足迹高分辨率分布热点地图。

从微观层面来看，通过对产品的碳排放进行可视化处理，可以揭示各种消费品的碳足迹详情。例如，哥伦比亚研发的碳目录工具，将产品的碳足迹依照整个生命周期进行分解，并在图表上以不同颜色标示产品在生产上游阶段、制作阶段和下游阶段的碳排放量。

## 4.2 数字城市的大数据分析

### 4.2.1 城市大数据的获取

#### 网络爬虫

随着智能手机的普及和移动互联网的快速发展，各种 App 在方便人们生活的同时，其后台也积累了大量的用户数据，如用户的位置、时间、评论、流量等信息。对于这类互联网数据可以利用网络爬虫按照一定的规则，自动地抓取万维网信息的程序和脚本，采集目标页面内容，通过对互联网开放数据进行采集，获得海量的与城市规划相关的数据，经清洗、处理、挖掘后，为城市规划所应用。根据网页渲染方式不同，分为静态网页数据采集和动态网页数据采集。对静态网页数据的采集比较简单，只需要对加载后的 HTML 源代码进行解析，提取出需要的数据文本即可。对于动态页面的解析，需要分析前端与后台交互的数据包，找到相应的 API 后，调用 API 直接获取到现成的数据。以房地产为例，利用爬虫技术获取到房地产服务平台的房价数据（如房屋的租售数据）和互联网电子地图的空间数据（如小区范围、公交线路、城市道路），将房价属性数据根据坐标信息进行格式转换为空间数据，并将不同互联网电子地图门户的空间数据进行坐标系统一。利用空间分析模型，通过不同位置颜色不同可以从中发现房价的空间格局。

## 智能传感器

一个城市的全部摄像头记录的视频数据量，相当于 1000 亿张图片。一个人要看完所有视频需要 100 多年。海量视频数据都在“沉睡”，能被城市管理者查阅的数据不到 10%，因此，对于城市数据的实时感知越来越重要。低成本、高能效的传感器已经成为从城市物联网获取异构数据的一种很有前途的机制。在这个网络中，所有的真实物品和虚拟物品都有特定的编码和物理特性，通过智能接口无缝链接，实现信息共享。阿里云、腾讯云等在城市公共基础设施安

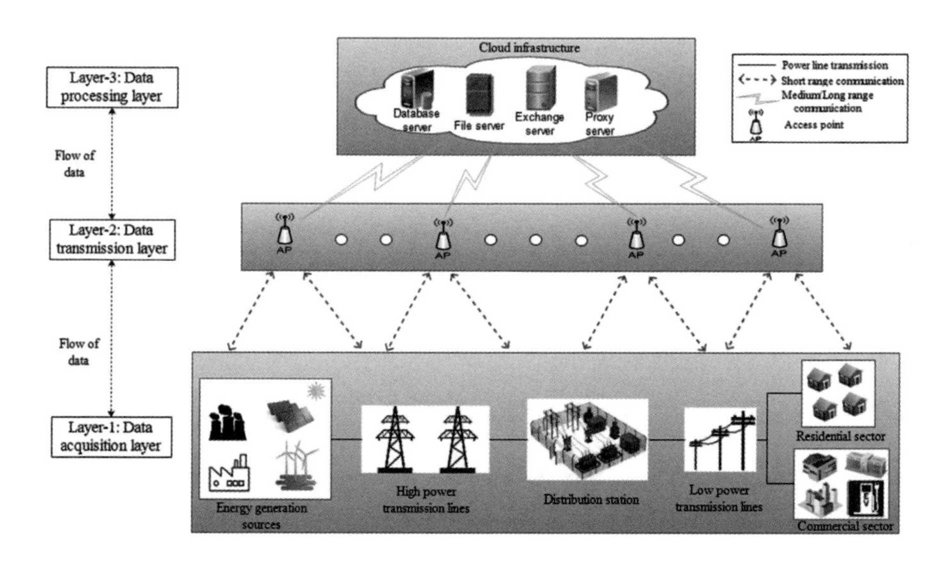


**图 4–3 城市中的大数据采集过程**

［资料来源：JINDAL A，KUMAR N，SINGH M．A unified framework for big data acquisition，storage and analytics for demand response management in smart cities [J]. Future generation computer systems，2018：S0167739X17324780.］

装环境传感器、网络摄像头、电磁线圈等智能设备，数据以物联网作为信息传输中介，自动被云计算平台收集整理。城市数据中心将在极短时间内完成海量数据的识别、分析、处理，最终为城市决策者呈现一个实时仿真的数字城市世界（图 4–3）。

## 地理信息系统

地理信息系统（Geographic Information System，GIS）技术是数字城市实施中最关键的技术之一，它是以地理空间数据库为基础，为城市研究和管理决策服务的计算机信息系统。目前，地理信息系统技术已从传统的单机系统、客户端／服务器系统发展到网络服务系统（Web Service System，WSS）和网格服务系统（Grid Service System，GSS）。应用 GIS 可对数字城市的空间数据进行获取、处理、分析。GIS 技术不仅能够对比分析空间属性数据与空间地理数据，也能呈现立体化的设计成果，所以其在数字城市规划中的应用会让城市规划方案更加科学。对于地理空间数据而言，GIS 与 BIM 的融合成为新的数据获取方式，BIM 被认为是一个丰富的智能数字存储库，它使用面向对象的方法来描述建筑、工程和建筑领域中的特征，即语义、几何和关系。BIM 和 GIS 的集成可以为智能可持续城市和建筑环境中的知识发现和知情决策提供必要的量化和语义分析能力及可视化机会。BIM 与 GIS 集成应用，可增强大规模公共设施的管理能力。市政 BIM 模型整合 GIS 监控数据，将市政道路、桥隧、泵站、变电站等的工作状态等信息及时反馈到 BIM 模型中。在 BIM 模型中可随时查看其设计参数、工作状态、维护记录、维护路径等信息。当发生问题时可以通过 BIM 模型快速、准确地进行三维定位，帮助解决问题。

## 遥感技术

城市图像一直是记录城市发展变迁的重要信息载体，在当前的互联网与大数据时代，随着图片分享网站、社交媒体、街景地图等线上平台的蓬勃发展，可获取的图像数据正在以前所未有的速度增加。遥感技术（Remote Sensing，

RS）是一种通过卫星、飞机等设备携带传感器，在不直接接触研究对象的情况下，获取其表面特征和图像信息的技术。它不仅可以获取及处理有形的信息，如山川河流等自然形态、滑坡崩塌等自然灾害和房屋道路等人工造物，而且可以获取和处理无形的信息，如大气污染、城市热岛、交通流量、人口密度等。同时，遥感技术在当下城市规划中的应用范围也很广。基于高空间分辨率遥感影像数据，综合利用多种影像特征进行城市建设用地提取，进而结合路网数据等基础地理数据中可以反映城市功能特征的语义信息对城市空间结构进行深入分析，从而得到城市功能区语义分类结果。

谷歌地球

Google 地球（Google Earth，GE）是一款 Google 公司开发的数字地球仪软件，它把卫星照片、航空照相和 GIS 布置在一个地球的三维模型上。用户可以通过一个下载到自己电脑上的客户端软件，免费浏览全球各地的高清晰度卫星图片。使用 Google Earth 的优点是它提供空间分辨率小于 1 M 的最新卫星图像。在泰米尔纳德邦的 Vellore，研究人员使用 Elshayal Smart 开放源代码软件提取了 340 张 Google 地球图像图块，然后将它们镶嵌并修剪，以便使用 GIS 软件在屏幕上进行数字化。使用准备好的土地利用图可以发现各种土地利用类别的面积，还可以进行区域分析。

### 4.2.2 城市大数据的处理

如何高效、智能化地存储、管理和分析数据，并将有意义的信息提取出来应用于各种城市数据密集型应用，已经成为至关重要的问题。对于城市大数据来说，需要对其进行全生命周期管理，在感知层，利用传感器等技术对物理资产进行感知、识别、控制，将其形成信息，搭建起数字模型，通过对数据的描述、诊断、预测，辅助城市决策优化，进而应用在各底层业务中。在水平领域中，可应用于各企业组织；在垂直领域中，可应用于城市交通、医疗、能源等行业（图 4–4）。

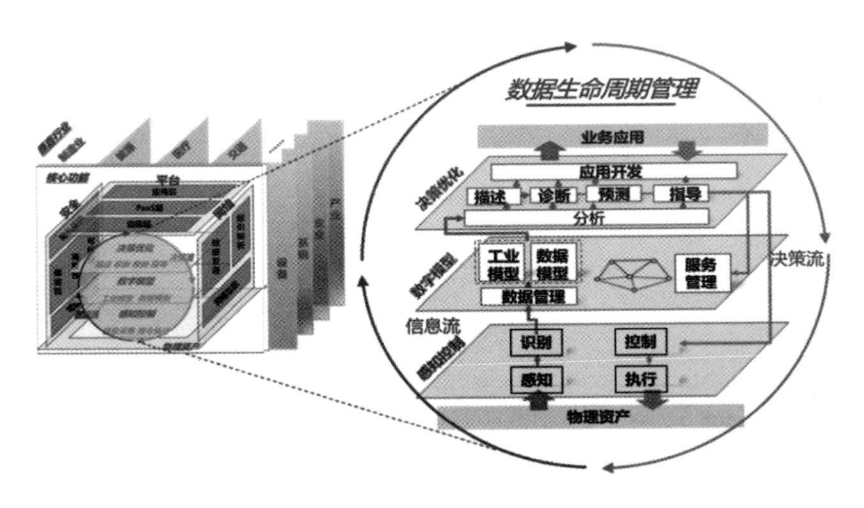


**图 4-4　城市大数据生命周期管理**

（资料来源：工业互联网产业联盟）

## 无序数据关联化

数据本身并不具有价值，只有通过治理，从分散、无序、“碎片化”的数据中挖掘出有用的价值后，数据才能变成有效的资产，才能转变为竞争力、服务力和创造力。数据治理的过程之一就是通过对数据进行整合，实现从无序到关联。对于空间数据来讲，处理的方法有空间信息网格和地理编码两种。与城市管理过程中整合各类资源的需求相对应，空间信息网格（Spatial Information Grid，SIG）这一技术的出现，实现了地理上广泛分布的高性能计算资源、海量空间数据资源、各类业务应用系统及人员的聚合。空间信息网格以一种新的结构方法和技术来管理、访问、分析和整合分布的空间数据，实现空间信息的有效共享与互操作，提供空间信息的联机分析处理与服务（图 4–5）。

地理编码是实现信息资源融合的关键技术。地理编码通过对地理对象在确定的参考系中按一定的规则赋予唯一可识别的代码，从而确定地理对象的空间位置。也就是说，建立地理对象与代码之间的映射关系，它可以是地理对象与地址的映射，也可以是地理对象与坐标系统的映射。目前，通过地图软件可以实现正向编码和反向编码获得具体地址或经纬度（图 4–6）。

**图 4–5　社区中的空间信息网格应用**

（资料来源：https：//wg.simpro.cn/news/djyljwghzlkqzhsqglxms.html）

**图 4–6　正向和反向地理编码应用**

[资料来源：刘伟．数字城市建设中地理编码库的建设探讨[J]．测绘与空间地理信息，2013（1）：75–76．]

城市中存在着大量的多源异构数据，无序数据关联化的过程也是异构空间数据融合的过程。异构空间数据的融合是数据的一种有机组，由数据政策和数据融合技术两种方式来实现。数据政策方式是通过强制性措施统一数据标准，建立各种数据的转换接口，保证数据能够在同一系统中直接使用。集成技术方式通过一定的技术手段实现多源数据集成，对生产部门的生产模式和原有数据不进行大量的改变。数据集成与融合技术有效地解决了数据模型不可能表达的、复杂的、空间数据单元不确定的城市规划。空间数据与属性数据的融合主要依靠数据库的结构和操作方法，即建立相应的空间数据与存储空间信息的空间数据表之间的关联，每个空间对象建立相应的索引。

### 隐性数据显性化

“隐”相对于“显”，意为隐匿、不显现的城市大数据。城市中的每家店面，每栋建筑的能耗，公共空间的风、热、声物理环境等，这些数据一般不太能够在城市尺度下进行整体的把握。然而，这些数据影响着城市的高速运转，以精准的颗粒度衍射出城市运行的内在规律，共同构成城市的“隐性结构”。因此，数据治理的第二个重要过程是对数据进行转化。在数据治理时代，第一，可以通过大数据技术挖掘看似不相干的数据之间的隐性关系，利用显性化的数据信息帮助决策者进行数据获取和数据预测，从而进行更加准确的决策推理。第二，可以将隐性数据可视化，将数据转化成可视的图表，达到数据价值效应倍增的目的。以业态 POI 数据为例解析城市隐性结构，POI 代表信息点，每个 POI 包含 4 个方面的信息，即名称、类别、坐标、分类，获取城市或地区的所有业态 POI 点，对其进行数据坐标的转换，使其同空间基准坐标吻合。通过分项解析并叠合的方式，完整地剖析城市隐性结构，分析其空间分布规律，判断城区的各职能分布情况（图 4–7）。

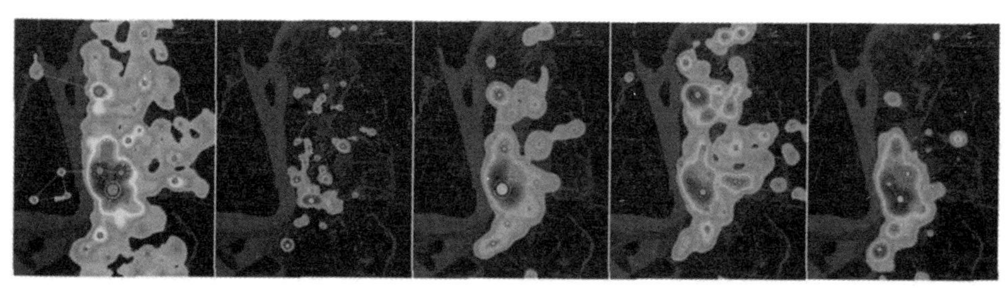


**图 4-7 基于业务 POI 的城市职能体系**

[资料来源：杨俊宴，曹俊．动·静·显·隐：大数据在城市设计中的四种应用模式 [J]．城市规划学刊，2017（4）：39-46.]

## 静态数据动态化

数据治理的第二个重要过程是对数据进行激活，使静态数据动态化。数据采集技术的进步使得构建三维城市模型成为可能。三维城市模型可以用来促进文化遗产和旅游，或者进行科学模拟。用例的多样性反映在它们所依赖的数据表示的多样性上：纹理网格、点云、无间隙网格、通用表示等。要处理所有这些不同的用例，我们还需要处理这种异构数据。通过可视化平台对静态存储的数据进行动态可视化处理，利用动画的形式将多个可视化状态图连续播放，将时间信息映射到时间轴，动态可视化可以使决策者更精准地挖掘序列数据中蕴含的规则。在动态化的准备过程中，会出现数据缺失的情况，数据的缺失会给城市状态的感知及后面的分析和挖掘过程带来很大的挑战。针对该问题，可利用时空增量方法来估计缺失数据，只需存储原数据的叉积矩阵，可大大节省数据读取时间和存储空间，缩短数据载入和传输的时间，提高计算效率。在解决城市道路卡口原始数据大量缺失问题时，可以从道路两侧土地利用的角度出发，充分利用城市道路交通流运行的时空特性，构建基于土地利用的卡口缺失数据修复方法（图 4-8）。

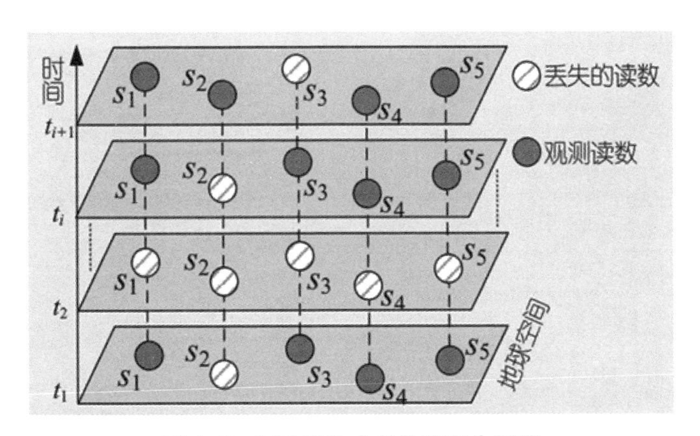


**图 4-8　城市感知中的数据丢失问题**

[资料来源：郑宇．城市计算：用大数据和 AI 驱动智能城市 [J]. 中国计算机学会通讯，2018，14（1）：8-17.]

## 高维数据稠密化

城市中采集到的数据维度很大，不易处理和分析，采用张量的形式来表示，可以降低数据的维数。降维过程降低了数据的总体复杂性，从而减少了处理此类数据所需的计算资源。基于张量的技术在这方面的最大优势是它可以很好地处理异构数据，并且当应用到更大的数据集时具有可扩展性。通常高维数据还有一个特点是稀疏性，因此，为了使处理效率更高，要将数据映射到低维空间进行稠密化处理。例如，北京城市面积很大，但由于空气质量监测站点价格昂贵，且占地面积较大，目前只部署了 35 个监测点。如何根据这 35 个监测点的数据推断出没有部署监测点的地方的空气质量就变得很关键。解决方法有 3 种：第一，使用半监督学习算法来弥补因空气监测站少而带来的训练样本稀疏性问题；第二，采用矩阵分解算法和协同过滤来解决数据稀疏性问题；第三，基于相似性的聚类算法，假设需要根据埋在地面的线圈传感器来估计行驶在道路上的车辆数，可以计算不同道路之间的相似性，从而对道路进行聚类，被分在同一个类里的道路很可能具有相同的车流模式，于是，在一个类中，可以将有传感器道路的读数赋给那些没有传感器的道路（图 4-9）。

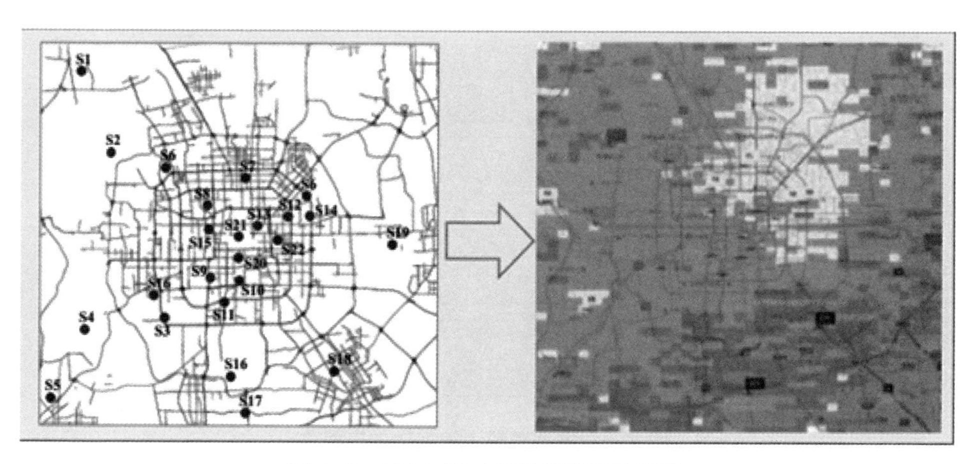


**图 4-9　城市感知中的数据稀疏性问题**

[资料来源：郑宇．城市计算：用大数据和 AI 驱动智能城市 [J]. 中国计算机学会通讯，2018，14（1）：8-17.]

### 4.2.3　城市大数据的存储和调用

#### 空间数据引擎

空间数据库引擎（Spatial Database Engine，SDE）是一种全新的空间数据库管理软件，它用以支持超大型空间数据库管理及在网络环境中对多用户并发空间数据访问的快速响应方面的应用。可以利用空间数据引擎 ArcSDE 作为 GIS 应用服务器与数据库服务器之间的接口，以 ArcSDE 为核心实现数字城市基础地理空间数据库的空间查询与空间分析，对数字城市空间数据和属性数据进行统一管理，实现支持高效的、海量数据的提取。通过对空间数据引擎的应用，可以实现基于移动终端设备的空间数据和业务数据的一体化管理。

#### 时空数据仓库

时空数据仓库是近年来数据仓库思想在空间信息科学领域延伸的产物。时空数据仓库在数据仓库的基础上引入空间维，根据主题从不同的 GIS 应用系统中截取从瞬态到区段直到全球系统的不同时空尺度上的信息。面向数字城市规划的时空数据仓库是一个数据应用环境。在该环境中，正在运行的城市规划业务各数据库中的数据规则地被抽取、转换、清洗，并利用维度模型进行面向主题的分类和管理，从而有机地集成起来。在此基础上，通过专业应用模型，对空间数据进行挖掘，提取隐含模式和信息，进行空间分析和决策，最终将结果提供给城市规划应用平台，辅助决策过程。基于对城市数据的内容分类和特性分析，针对适用于决策分析的时间尺度、空间尺度、用户对象、专题类型四大特性，建立由地理信息、经济主体和社会事件 3 类主题域构成的多维数据仓库模型。

### 热数据存储

热数据是需要被计算节点频繁访问的在线类数据，包括即时的位置状态、交易和浏览行为，如即时的地理位置、某一特定时间活跃的手机应用等，能够表征“正在什么位置干什么事情”。还包括一些实时的记录信息，如用户刚刚打开某个软件或者网站进行了一些操作。热数据可以通过第三方平台去积累，开发者也可以根据用户使用行为积累。拥有成百上千个摄像头和物联网传感器的城市应采用具有边缘和云存储双重优势的多层存储架构。这样做的主要原因是，将大量视频和数据不断传输到云端成本高昂，并且可能会面临严重的延迟问题。基于数据治理的解决方案是在终端和边缘部署整合、筛选和分析数据的技术，然后将相关警报发送到前端的视频管理系统，以便进行审核和响应。通过这种方式，数据可以快速处理、通知可以更及时地传递，从而提高公共安全水平。例如，当市政摄像头使用视频分析或 AI 功能监测到事件时，它可以向监控或指挥中心发送警报，使警察能够快速响应。采用监控优化硬盘构建的 NVR 设备允许指挥中心的调度员或操作员访问事件视频，以进一步评估状况，并在警官前往该地点的途中向其提供该事件的实时情报及可采取的行动信息。在该集中式存储环境中，通过分析从交通摄像头收集的数周或数月的视频和数据，可以识别整个城市的交通高峰时段和交通模式，使官员能够做出能够改善人们通勤状况的决策。

冷数据存储

冷数据在访问层次方面是指离线类、不经常访问的数据，如企业备份数据、业务与操作日志数据、话单与统计数据。从数据分析层面来讲，冷数据是指性别、兴趣、常住地、职业、年龄等数据画像，表征“这是什么样的人”。对于不同“温度”的数据，需要不同的管理和存储方法。热数据因经常被访问，需要就近部署；冷数据访问频次低，时延要求不高，但数量庞大，占全球数据总量的 70% 以上，且需要安全、长期地进行存储。

相比硬盘，磁带有 4 个方面的优势：总体拥有成本低、能耗低、对大数据批处理的速度优势明显，以及在合理保存的状态下可安全保存数据 30 ～ 50 年。目前，微软、谷歌及百度等知名的云服务领先企业都在采用磁带解决方案进行冷存储。在 2019 年的中国国际高新技术成果交易会上，富士胶片发布采用钡铁氧技术的 LTO8 数据流磁带，单盘容量达到压缩后 30 TB，最高数据传输速率为 750 MB/s，存储时间可长达 50 年以上。未来，单盘的理论最大容量可达 220 TB。

## 4.3 面向多模态数据的城市运行决策

### 4.3.1 文本数据决策

城市舆情分析

世界上大约 70%的数据来自社交网络。社交网络舆情是社交网络用户对社会热点问题产生不同看法的网络舆论，是社会舆论的一种表现形式。通过演化博弈等方法可以对舆情传播的机制进行分析帮助决策。在城市规划领域，Fang Chuanglin 等人使用社交网络大数据来揭示城市群中空间网络联系和空间分化规则的强度。通过对社交网络的分析，还可以对城市中居民的情绪进行分析，Dhivya Karmegam 等人通过对 Twitter 的分析，可以识别居民负面情绪的时空变化，以做出政策上的调整。通过对不同的社交媒体进行可视化挖掘，可以识别出他们之间的关系，进一步了解舆论如何在社交媒体上进行传播，分析形成的舆情作用立场。

### 城市旅游形象感知

城市旅游社区是承载多元文化、彰显城市魅力的空间载体，是城市旅游特色目的地体系的重要组成部分。网络点评客观地记录了游客对旅游地的感受，为城市旅游社区形象感知的研究提供了一个新的角度。通过对网站上用户发表的评论进行高频特征词提取，对其进行语义网络分析，获得各旅游社区的类型及情感意象。上海市基于 3169 篇游记对城市形象游客感知进行分析，来确定不同景观的游客满意度和需要改进的方面。西湖景区从入境游客的感知出发，通过分析网络评论，建构当前我国文化遗产景区的国际形象；同时，解读存在于该形象之后的利与弊，从而为文化遗产景区的建设与推广出谋划策。

### 交通事件信息提取

结合多种文本挖掘方法研究其价值有助于交管部门深入分析交通事件，全面掌握城市交通问题，及时发现市民诉求的变化趋势，以制定有效的交通治理方案。首先对交通事件的主题内容进行快速自动分类；使用对应分析方法探究不同方式获取的关键词之间的差异和联系，总结不同文本源的数据特点；利用关联规则算法针对具体问题深入挖掘，抽取特殊的交通事件或道路，对关键词进行关联分析，明确不同交通现象产生的原因；关键词共现网络则用来描述文本当中词与词之间的关系，定量地确定各关键词在交通舆情中的地位，从而清晰地展现交通舆情热点及其演变。例如，以苏州市姑苏区相关的网络论坛、热线电话及微信播报的交通舆情为对象，用文本挖掘技术对多源交通舆情进行全面深入的分析发现，不同舆情渠道反映的城市交通问题有明显的差异，需要对交通舆情进行系统挖掘和比较分析，才能更深入地了解市民诉求的多样性。苏州市姑苏区市民在交通基础设施方面反应较强烈，解决好道路交叉口信号设置、配时及交通组织等问题，将会大幅减少投诉。热线电话多涉及公共交通及与安全、停车有关的交通设施，而网络论坛更多反映慢行交通与机动车交通的冲突、交叉口交通组织等问题。

### 4.3.2 空间结构化数据决策

#### 空间关联规则挖掘

空间对象固有的联系，如拓扑关系（相交、包含、叠加等），方位关系（上、下、左、右、前、后），距离关系（临近、远离等）成为空间关联规则挖掘的基础，空间关联规则挖掘，即要发现与感兴趣对象紧密关联的对象的空间分布或特征。空间关联规则的挖掘可以借用关联规则挖掘的原理和方法，即首先将空间数据转化为属性数据，这一过程可以通过空间数据概化来实现，空间数据的概化是空间数据泛化的一种，它是一个将空间数据集从较低层次的概念抽象到较高层次概念的过程。常用的方法有面向属性的归纳方法，这一方法利用概念树对抽象过程进行表达和控制。把不同的属性值和概念根据抽象不同划分为不同的层次结构，每一层次结构构成一颗概念树。将空间数据集转换成为属性数据集之后，运用空间计算和空间分析方法计算出表达空间数据之间的空间关系的空间谓词，之后运用关联规则的挖掘方法对其进行挖掘。疫情当前，可以通过空间关联规则找出潜在的疑似者。例如，已知患者 A 某时、某地出现，驻留多久及行动轨迹，同时知道被感染者 C 及其轨迹情况，可以找出在 A 行走轨迹中直接、间接接触到的大量 B 人员。在人员轨迹分析中，最有效的方法是通过手机信令数据，对感染者进行追踪，对密切接触者进行挖掘，实现时空数据关联分析（图 4–10）。

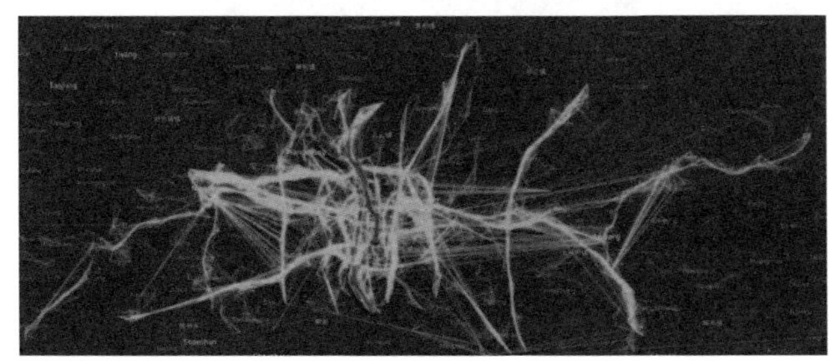

**图 4-10　确诊患者移动轨迹分析**

（资料来源：https：//www.sohu.com/a/386678607_609577）

## 空间聚类分析

城市空间数据应用中，经常需要知道具有相似或相近特征（空间的或非空间的）的空间对象的分布。处理这类问题常用的方法是空间聚类。空间聚类结果使各类对象内具有较高的相似性，类间的对象具有较低的相似性。假设有 $n$ 个空间对象，给定一个对象相似性的度量准则，按此准则可将 $n$ 个空间对象划分为 $k$ 类，使每类对象内具有较高的相似性，这就是空间聚类。空间聚类挖掘的基本问题是相似性度量准则的确定和聚类门限值的确定，通常是通过决策树分析、因子分析、关联规则分析之后，基于该特征的特征相似性度量目标函数，再通过对函数的优化来进行空间聚类。可以将空间聚类分析应用到城区空间体系分区中，通过高值聚类和低值聚类的分类进行城市功能分区（图 4-11）。

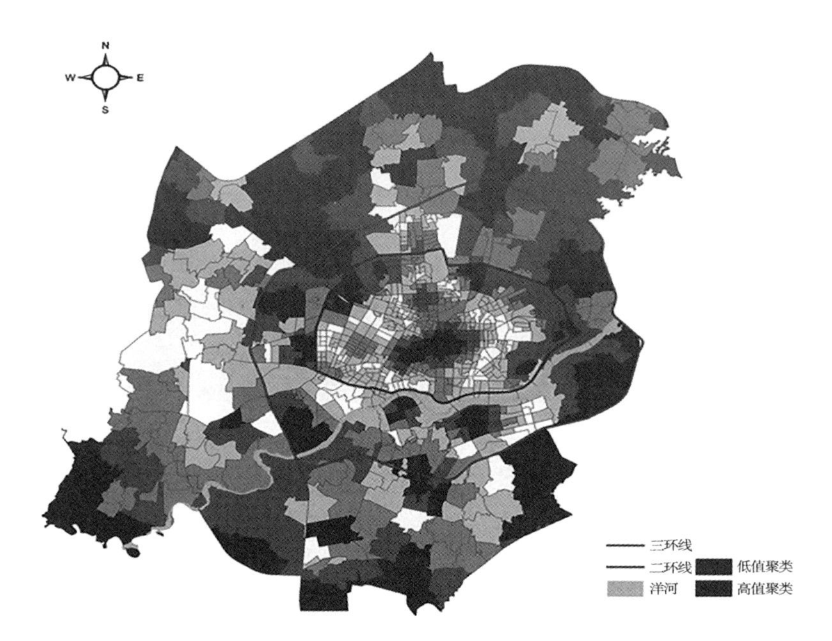


**图 4-11　中心城区空间体系分区聚类分析**

（资料来源：http://www.planning.cn/2016/view.php? id=411）

## 城市虚拟空间三维渲染

建筑物是城市的主题，是城市的支撑骨架，其三维精细模型的建立成为城市各种信息的空间载体，服务于地下空间管理、城市规划、管理、选址、设计、宣传、项目审批、应急指挥、城市旅游等方面，因此它与政府管理城市的效率息息相关，更在服务城市市民的日常生活中至关重要。渲染技术是指图形数据的计算与输出。在三维场景渲染中，为了能实现理想的渲染速度，通常的解决方案是牺牲一定的渲染质量，同时调用外部生成的模型来描述场景中的各个方面，而且也需要对模型进行一定的简化。目前，渲染技术应用在数字城市建设、三维游戏、虚拟战场、系统等众多领域。数字城市数据量庞大，同时又要求显示效果与现实城市接近，以及与用户之间有良好的互动。但现今个人计算机硬件配置有限，系统无法一次性导入所有数据。三维场景渲染技术的发展能够保证与用户之间的流畅互动，使个人计算机硬件条件的有限性不再限制数字城市的建设，实现对城市数据的完整管理。

## 4.3.3　影像数据决策

### 集中式云计算

数字城市中的云计算是指在很短时间内通过网络云将庞大的数据进行系统的整理和分析，为广大互联网用户提供云计算服务与数据存储，从而使计算机能够进行安全有效的数据传输，是一种以互联网为中心的分布式计算技术。利用基于云的数据存储、处理能力，发展不同行业的城市应用，实现各行业的智能化服务。首先将多源视频进行云编码，去除视频数据中的冗余信息，提高存储效率，经过编码后，进入云管理阶段，进行网络切片，将一个物理网络切割成多个虚拟的端到端的网络，每一个都可获得逻辑独立的网络资源，且各切片之间可相互绝缘。最终利用内容分发网络（Content Delivery Network，

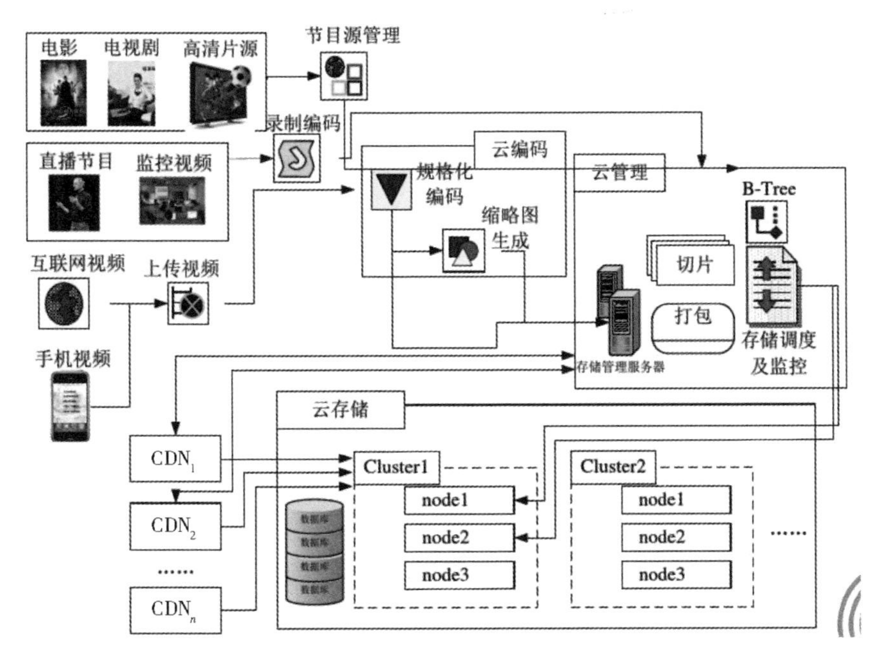


图 4-12　城市视频监控云计算

（资料来源：https：//wenku.baidu.com/view/1a9b2ef589d63186bceb19e8b8f67c1cfad6eedf.html）

CDN）进行云存储。在智慧城管中以云存储系统为基础架构，集成云视频监控系统，综合调度和云转码高清视频监控，可以满足超大规模、海量数据存储及远程监控的需求，以及内置数据中心监控平台的早期预警系统，配合公安部交换信息，及时反映紧急情况，缩短危机的反应时间，提高效率；在视频内容方面，结合大型分布式云智能图像识别及对城市海量视频数据的有效分析，协助警方破案（图4-12）。

### 边缘计算

随着城市交通数据量的增加，用户对海量交通信息的实时性需要也会随之提高。如果把数据全部传回云计算中心，将会出现带宽资源的浪费和延时等问题，但如果把数据在边缘服务器上进行实时分析和处理，便可根据路面实时状况和可用资源对用户做出相应指示。

具体来说，在城市的交通管理中，需要对交通违章、交通路况、拥堵等情况实施监测掌握。在城市的交通监测中，高清摄像头遍布各大接口，通过前端的卡口、微卡口可以做到规范路人及车辆的行为，还可以对一些交通违章、交通路况、拥堵热点与重点车辆等做到实时监测。在边缘服务器上通过运行智能交通控制系统来实时获取和分析数据，根据实时路况来控制交通信号灯，以减轻路面车辆拥堵等。

### 跨镜追踪

跨镜追踪（Person Re-identification，ReID）技术是现在计算机视觉研究的热门方向，主要解决跨摄像头、跨场景下行人的识别与检索。该技术可以作为人脸识别技术的重要补充，对无法获取清晰人脸的行人进行跨摄像头连续跟踪，增强数据的时空连续性。跨镜追踪可以应用在城市治安中，让AI系统即使不看脸，也能通过衣物、发型、体态等信息，跨摄像头、跨场景下实现目标的识别与检索，在人脸被遮挡、距离过远时依旧可以从不同摄像机镜头中追踪行人。具体应用如下：①智能寻人。大型公共场所（如公园、大型超市、火车站、展览馆等）中如遇走失事件，在跨镜追踪系统中通过摄像头快速捕捉行走路线，定位确切位置。常规摄像头由于架设高度、角度的限制，很难拍摄到正脸照片，ReID技术可弥补这一缺陷。②目标锁定。当夜间银行、办公大楼等重要场所已停止进出时，如有人员戴帽子或戴口罩遮挡面部频繁徘徊，通过跨镜追踪系统特征检索、轨迹追踪，可排查此类异常行为者，预防犯罪行为。③案件视频研判。调取案件周边监控视频，经过跨镜追踪系统预处理，得到结构化的视频信息。通过检索特征信息，快速定位嫌疑人，获取确切作案时间、作案手法，大幅提高查阅监控视频的效率。

## 4.4　治理：从数据关联到因果辨识

### 4.4.1　因果推理结构

#### 关联结构

关联结构涉及由数据定义的统计相关性，传统的机器学习大部分属于该层次结构，该层次只关注事物之间的相关性，但却无法得到因果关系。因此，这是因果推理的最底层结构，通过相关分析的辅助，进而去进行因果关系的推理。例如，利用电商平台的注册数据，可以在空间总体架构下，去测算每个行业之间的空间位置关联性。当下人工智能存在的风险，即不可解释性和不稳定性，关联统计是导致这些风险的重要原因。而结合因果推断的机器学习可以克服这两个缺陷，实现稳定学习。值得一提的是，从因果角度出发，可解释性和稳定性之间存在一定的内在关系，即通过优化模型的稳定性亦可提升其可解释性。

#### 干预结构

当我们对一种新的抗癌药物进行研究时，我们试图确定当对患者进行药物干预时患者的病情如何变化。当我们研究暴力电视节目和儿童的攻击行为之间的关系时，我们希望知道，干预减少儿童接触暴力电视节目是否会减少他们的攻击性。干预（Intervention）和以变量为条件（Conditioning on）有着本质的区别。当在模型中对一个变量进行干预时，将固定这个变量的值，其他变量的值也随之改变；当以一个变量为条件时，其他什么也不会改变，只是将关注的范围缩小到样本的子集，选取其中感兴趣的变量的值。因此，以变量为条件改变的是我们看世界的角度，而干预则改变了世界本身。

#### 反事实结构

反事实（Counterfactual）是对以前发生的事情的反思和溯因，解决的是“如果过去做出不一样的行为，现在的结果会有何不同？”的问题。这是由图灵奖得主 Judea Pearl 提出的。他认为要想实现真正的人工智能，就要教会机器因果关系，讲究认知科学。在数据治理环境下的城市决策中，此思想也尤为重要，数字城市的决策逐渐转向智能决策，在关联决策和干预决策之上应该做到的便是反事实决策。在城市的公共政策领域，反事实决策应用更广泛，将反事实决策引入公共治理，评估各个政策可能引发的预期效果和非意愿后果。

### 4.4.2 因果推理算法

#### 深度学习优化城市推理

城市中的决策行为者众多，不仅包括政府人员、城市规划人员等，还衍生至城市居民、城市中的各种物体。在数字城市推理机制中，第一层次即为将原始大数据转换为城市决策可用的信息。深度学习的核心技术可助力数字城市信息层次的构建，深度学习可以帮助城市决策行为者进行推断和决策。计算机视觉是使用计算机模仿人类视觉系统的科学，让计算机拥有类似人类提取、处理、理解和分析图像及图像序列的能力。自动驾驶、机器人、智能医疗等领域均需要通过计算机视觉技术从视觉信号中提取并处理信息。自然语言处理是实现人与计算机之间用自然语言进行有效通信的方法，在数字城市中，通过将计算机视觉与自然语言处理技术相结合，可构造更复杂的应用，赋予系统看图说话、视频摘要等能力。生物特征识别可通过人体独特的生理特征、行为特征进行识别认证。在数字城市中，生物特征识别可广泛应用于服务领域和安全领域，如结合智能视频监控进行嫌疑犯检索，协助公安机关快速破案。深度学习的出现使得数字城市智能决策发展迅速，在决策层次上，可建立知识图谱，进行推理决策。知识图谱本质上是结构化的语义知识库，为智能系统提供从“关系”角度分析问题的能力。知识图谱能够依托数字城市的海量信息，为海量实体建立各种各样的关系，为城市运行管理奠定基础。例如，运用知识图谱开展反洗钱或电信诈骗，通过对交易轨迹的精准追踪和关联分析，获取可疑人员、账户、商户等信息。

### 强化学习推理最优策略

强化学习（Reinforcement Learning，RL）作为机器学习关注热点之一，其基本思想是通过最大化智能体（Agent）从环境（State）中所获取的累积奖赏，以学习到完成目标的最优策略。目前，RL在机器人控制、优化与调度、游戏博弈、工业制造等领域已被广泛应用。RL侧重的是对学习解决问题的策略优化。例如，当我们使用网约车服务时，良好的路径规划不仅可以显著提升司乘双方的使用体验，还能让司机少堵在路上，进一步提升整体出行效率。可以利用深度强化学习技术去挖掘和学习司机的驾驶行为及用户对路线的偏好，借助训练出的深度模型在短时间内为用户规划出满意的路线，降低线上的偏航率。将寻路看作一个连续决策的过程，把用户的历史真实轨迹当作专家轨迹，用户在每个路口（对应一个状态）做出的选择看作一个近似最优的动作（action），利用这种行为克隆的方式训练一个能够容易走到目的地的基础模型，然后使用该基础模型在路网上寻路，生成大量的采样轨迹，这种人为设定reward的方式既没有引入对抗学习的过程，也不要额外学一个reward函数，计算量大幅减少，同时它可以有效克服行为克隆带来的状态分布偏移的问题。

## 迁移学习均衡城市发展

不同城市地区的城市发展进度极不均衡，利用机器学习中的迁移学习技术，将拥有丰富数据的城市建立服务应用所积累的经验有效地迁移到数据匮乏的目标城市，可以帮助后者快速有效地建立起其城市服务应用。对刚开始数字城市建设的城市而言，一个关键问题是数据缺失导致的冷启动问题。例如，假设一个城市计划建立一个基于人群密度的公共安全预警系统，以预防潜在的人群灾难，如踩踏事件，但是历史上很少有人流记录。在数字城市建设上，借鉴迁移学习的思想，可以尝试将已积累充分数据的城市（源城市）的智慧服务知识迁移到那些无足够数据的目标城市，帮助目标城市更快地建立起有效的智能服务模型。迁移学习是机器学习中用于处理数据缺失冷启动的经典思路之一，它的核心思想就是利用和目标不同但相关的其他领域（Domain）已经积累的数据，来帮助目标领域建立其机器学习模型。在医疗健康领域，利用联合学习可从不同医院获取医疗数据用以训练模型，而无须担忧患者敏感数据泄露，更好地满足了数据安全保障需求。联合学习可通过参数共享和标注策略从多个数据源获取数据进行学习并保护敏感数据。

## 联邦学习保护数据安全

联邦学习是一种加密的分布式机器学习技术，参与各方可以在不披露底层数据和底层数据的加密（混淆）形态的前提下共建模型，实现自有数据不出本地，通过加密机制下的参数交换方式，建立一个虚拟的共有模型。在这样的机制下，参与各方就能成功打通数据孤岛，走向共同发展。知识驱动的联邦技术则是在联邦的理念上进一步升华，有了新的飞跃。知识的提炼和生成需要人工智能和大数据技术的有机结合，知识的升级和扩展则离不开密码学支撑的多方安全联邦技术。知识联邦可以打破数据孤岛困境，并保护数据隐私，符合法规监管的要求。而且，知识联邦除了能用于进行数据查找、合并等基本操作外，还可以进行安全多方计算或者多方联合学习建模，充分利用多方数据中蕴含的知识，提供更好的决策服务。知识联邦的基本内涵包括：基于数据安全交换协议，来利用多个参与方的数据；基于多方数据进行安全的知识共创、共享和推理，实现数据可用不可见；支持统一的多层次的知识联邦生态：信息层、模型层、认知层和知识层；管理知识安全联邦的全生命周期：统计查询、训练、学习、表示、预测和推理及其监管、仲裁和评价。数字城市操作系统的解法是利用网关处理数据，其基本逻辑是通过联邦学习等技术，利用网关使财务、交通、安全等各路数据不出库就能共享使用，从而达到多元主体协同决策的结果。

## 参考文献


[1] 马亚雪，李纲，谢辉，等．数字空间视角下的城市数据画像理论思考[J]. 情报学报，2019，38（1）：62–71.

[2] 王建冬．大数据在经济监测预测研究中的应用进展[J]. 数据分析与知识发现，2020，4(1)：12–25.

[3] 刘伦，王辉．城市研究中的计算机视觉应用进展与展望[J]. 城市规划，2019，43（1）：117–124.

[4] 杨俊宴，曹俊．动·静·显·隐：大数据在城市设计中的四种应用模式[J]. 城市规划学刊，2017（4）：39–46.

[5] GAILLARD J，PEYTAVIE A，GESQUIÉRE G. Visualisation and personalisation of multi-representations city models[J]. International journal of digital earth，2018，12：627–644.

[6] JINDAL A，KUMAR N，SINGH M. A unified framework for big data acquisition，storage and analytics for demand response management in smart cities[J]. Future generation computer systems，2018：S0167739X17324780.

[7] KARMEGAM D，MAPPILLAIRAJU B. Spatio-temporal distribution of negative emotions on Twitter during floods in Chennai，India，in 2015：a post hoc analysis[J]. International journal of health geographics，2020，19：19–31.

[8] PEARL J. The seven tools of causal inference, with reflections on machine learning[J]. Communications of the ACM, 2019, 62 (3) : 54-60.

[9] 强舸，唐睿 . 反事实分析与公共政策制定——以“自行车难题”为例 [J]. 公共管理学报，2012，9 (3) : 32-40，123-124.

第5章

# 新基建：推动城市数据治理进程

“新基建”是指以新发展理念为引领，以技术创新为驱动，以数据为核心，以信息网络为基础，面向高质量发展需要，提供数字转型、智能升级、融合创新等服务的基础设施体系。城市数据治理是国家治理体系的重要组成部分，运用5G、物联网、人工智能、大数据中心等核心“新基建”技术服务城市数据治理，不仅可以感测、分析、整合城市运行核心系统的各项关键信息，实现民生、环保、公共安全、城市服务等城市治理智能化，还能通过人、车、路、云之间的数据互通，实现智能交通、智能驾驶等城市交通新体系，特别是当前正处于“疫后”经济恢复期、“新基建”加速落地期和“十四五”筹划期，城市数据治理的新需求加速了“新基建”全面推进进程。

## 5.1 新基建

### 5.1.1 发展背景

全球数字化浪潮在进一步加速推进，目前全球已有170多个国家发布了本国的数字发展相关战略，未来数字经济将会成为各国国民经济中的重要组成部分，而从整个工业革命的发展过程来看，今天我们已经到了第四次工业革命的阶段，意味着从传统的生产模式到自动化生产模式之后，进入数字化和智能化的时代。此外，目前支撑我国经济增长的传统动能（劳动力红利、环境资源供给、投资拉动作用、外部市场需求）正在减弱，需要寻求一种新的发展方式。同时由于这一次疫情，对全球经济都会有重大影响，传统模式很难在“新冠”大流行的社会环境下进一步发展，也倒逼着商业模式的变革和数字经济的变化升级。正是在以上 3 种背景下，“新基建”应运而生。早在 2018 年 12 月，中央经济工作会议就首次提出了“新基建”概念，即新型基础设施建设，会议强调要加快 5G 步伐，加强人工智能、物联网等新型基础设施建设。在之后的历次政府工作报告中，不断完善“新基建”相关方案并促进“新基建”的起步。

### 5.1.2 演变路径

#### 新基建 1.0：七大领域

新基建 1.0 是指中央电视台在 2019 年 3 月一次报道中提出的“七大领域”，

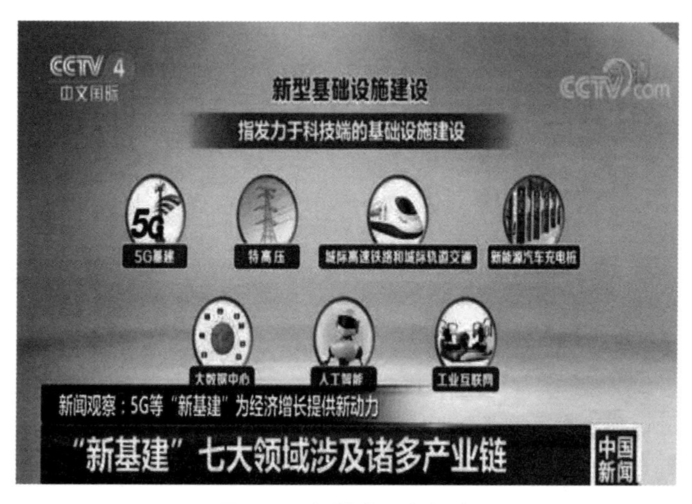


**图 5–1 新基建七大领域**

（资料来源：http：//www.china-cer.com.cn/xinjijian/202004163818.html）

即5G基建、特高压、城际高速铁路和城市轨道交通、新能源汽车充电桩、大数据中心、人工智能、工业互联网（图5-1）。这一提法广为媒体传播，对普通民众影响很大。这一定义不仅包含关乎数字经济的部分，而且又加入了特高压、高铁、轨道交通和新能源汽车充电桩。在中央的大力推动及媒体的轮番宣传下，新基建得到了社会各界广泛关注。

## 新基建2.0：三大领域

新基建2.0是由国家发展和改革委员会对于新基建正式的定调。在具体工作范畴，发展改革委把新型基础设施分为3个方面的内容：一是信息基础设施，主要是指基于新一代信息技术演化生成的基础设施，如通信网络基础设施、新技术基础设施、算力基础设施等；二是融合基础设施，主要是指深度应用互联网、大数据、人工智能等技术，支撑传统基础设施转型升级，进而形成的融合基础设施，如智能交通基础设施、智慧能源基础设施等；三是创新基础设施，主要是指支撑科学研究、技术开发、产品研制的具有公益属性的基础设施，如重大科技基础设施、科教基础设施、产业技术创新基础设施等（表5-1）。

**表5-1　国家发展和改革委员会对于新型基础设施的分类**

| 类型 | 子类型 | 主要内容 |
|---|---|---|
| 信息基础设施（基于新一代信息技术演化生成的基础设施） | 通信网络基础设施 | 5G、物联网、工业互联网、卫星互联网 |
| | 新技术基础设施 | 人工智能、云计算、区块链 |
| | 算力基础设施 | 数据中心、智能计算中心 |
| 融合基础设施（深度应用互联网、大数据、人工智能等技术，支撑传统基础设施转型升级，进而形成的融合基础设施） | | 智能交通基础设施、智慧能源基础设施 |
| 创新基础设施（支撑科学研究、技术开发、产品研制的具有公益属性的基础设施） | | 重大科技基础设施、科教基础设施、产业技术创新基础设施 |

资料来源：根据有关报道整理。

# 5.2 5G 基础设施

## 5.2.1 5G 概述

### 5G 特征

第五代移动通信技术简称 5G（5th Generation Mobile Networks），是继 2G、3G 及 4G 后的最新一代蜂窝移动通信技术。国际电信联盟（International Telecommunication Union，ITU）为 5G 定义了 eMBB（增强移动宽带）、mMTC（海量大连接）、URLLC（低时延高可靠）三大特征。eMBB 的典型应用为超高清视频，目前更多是在医疗方面应用，如 301 解放军总医院海南医院的医生通过 5G 远距离操控在北京 301 医院（中国人民解放军总医院）的机械手；mMTC 是物联网的解决方案，5G 能做到 1 平方千米内连接 100 万个传感器，在 4G 时代是 1 平方千米内 10 万个，相差 10 倍。中国电信认为，未来所有与安防安全相关的传感器都将通过物联网实现互联，在 5G 时代，互联网更多是以 mMTC 为支持的大规模物联网的形式存在，将城市融为一体；URLLC 分为高可靠和低时延两个部分，其中 5G 可靠性为 99.999%，而低时延体现在 5G 的空口延时为 1 毫秒（空口即空中接口，是移动终端和基站之间的无线传输接口），可应用于车联网及自动驾驶，减少刹车等反应距离，降低城市交通事故发生率。

### 公网专用

网络切片（Network Slicing）是由下一代移动通信网络联盟（NGMN）提出并首次引入的，是运行在公共底层（物理或虚拟）基础设施上的逻辑网络／云，相互隔离，具有独立的控制和管理，可以根据需要创建。网络切片的第一推动力来源于 5G 的多样化应用场景。5G 网络切片技术可以实现公网专用，为不同的应用场景提供相互隔离的、逻辑独立的完整网络，从而实现 5G 网络共享，节约宝贵的频谱资源，建设行业专网。

公网专用中的虚拟专网针对业务需求与公网业务差异小的客户，如媒体客户重大赛事转播时，可通过网络切片临时快速配置大宽带网络满足高清直播要求；物理专网则针对对可靠性、私密性要求极高的行业客户，如政府机构、工业园区，通过设置独立网络设施实现物理专网；融合专网针对对行业业务需求与公网有一定差异的客户，通过物理和虚拟专网融合的方式满足差异化需求，如医院、交通集散枢纽等，既有普通患者、旅客公网通信需求，又能针对医院、交通枢纽运营方等商户的特定专网需求，通过在终端下沉，实现用户数据分流（图 5-2）。

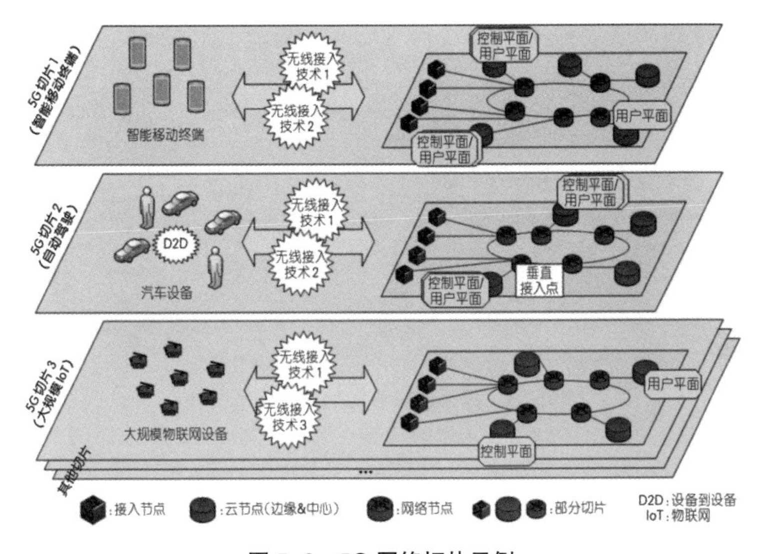


**图 5-2　5G 网络切片示例**

（资料来源：https://news.mydrivers.com/1/624/624855.htm）

## 边缘智能

移动边缘计算（Mobile Edge Computing，MEC）通过把大量分布在网络边缘的空闲计算能力和存储空间整合，使其无缝为移动设备提供计算和存储支持，成为一种新的计算范式。而边缘智能的产生来源于深度学习与移动边缘计算，即将移动边缘计算与人工智能等应用相结合，将具有云计算数据处理能力的 AI

下沉到边缘节点，使运算处理在边缘节点进行，离本地数据更近，形成云边协同的新型基础设施，从而提供高级数据分析、场景感知、实时决策、敏捷连接、应用智能、安全与隐私保护等需求，催生城市感知与城市智能的无缝连接。例如，在城市视频监控场景中，视频流集中在边缘侧实时处理，与全部上传至服务器处理或者摄像头就地处理相比，有效降低成本，提升响应效率（图 5-3）。

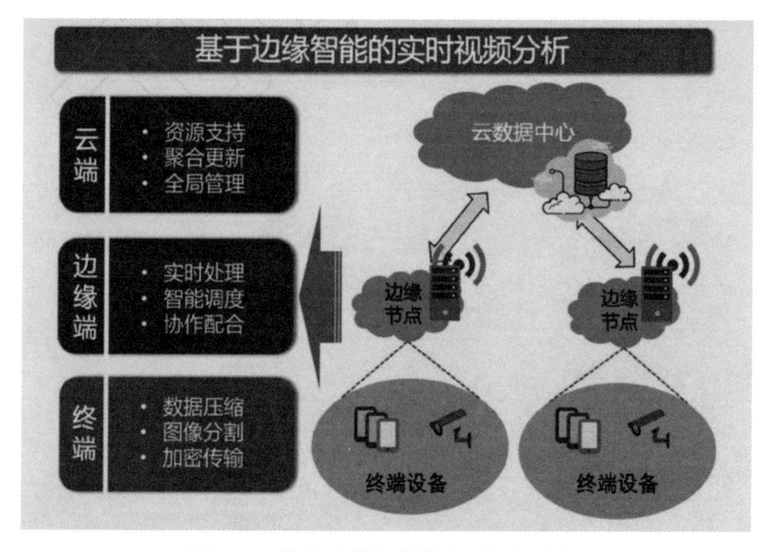


**图 5-3 基于边缘智能的实时视频分析**

（资料来源：https：//doi.org/10.16619/j.cnki.rmltxsqy.2020.09.001）

## 5.2.2 “5G+”城市数据治理

### 城市资源：5G+ 卫星互联网

卫星互联网是基于卫星通信的互联网，通过发射一定数量的卫星形成规模组网，从而辐射全球，构建具备实时信息处理的大卫星系统，是一种能够完成向地面和空中终端提供宽带互联网接入等通信服务的新型网络，具有广覆盖、低时延、宽带化、低成本等特点。卫星互联网是对我国超过 70% 没有信息接入能力区域的联网必要补充。全区域覆盖将助力我国实现天空、水体、土壤等全生态环境保护；实现对河水水位流量、农业病虫害、森林火灾、地震数据等极端气象的灾害预警；实现电力物联网对偏远无人地区的电力设施及线路的实时布控。而星地协同网络则将卫星互联网与地面网络通过通信技术集成在一起，供地面用户与卫星互联网进行通信。在星地协同网络中引入5G的移动边缘计算（MEC）技术可避免星地节点间不必要的通信交互，降低业务传输时延，节省带宽资源（图5–4）。

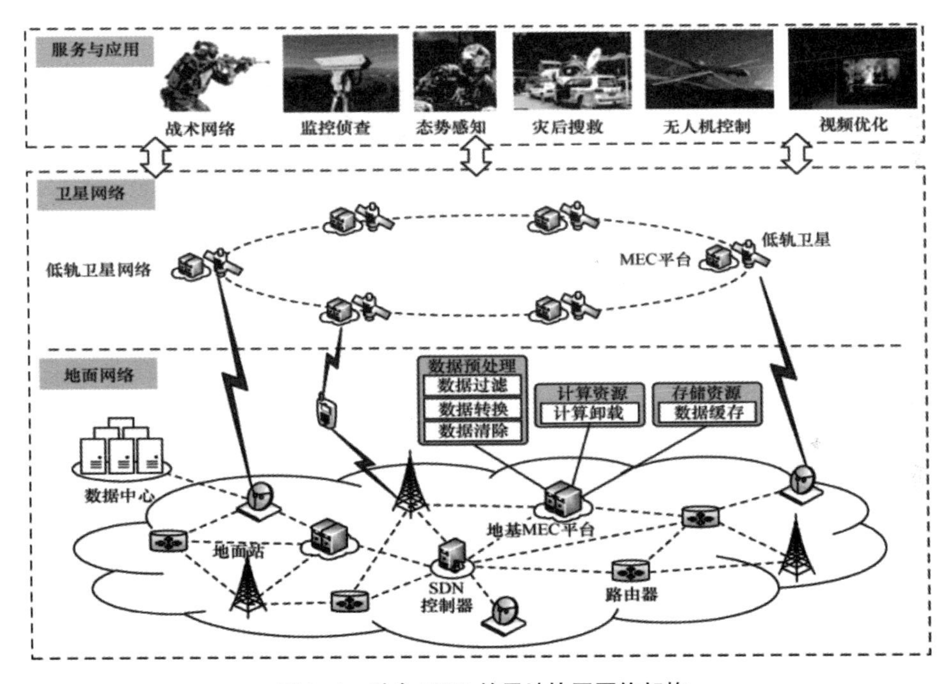


**图5–4　融合MEC的星地协同网络架构**

[资料来源：唐琴琴，谢人超，刘旭．融合MEC的星地协同网络：架构、关键技术与挑战[J]．通信学报，2020，41（4）：162–181.]

“天通一号”卫星发射拉开了我国卫星移动通信序幕，随着“中星十六号”高通量卫星投入业务运行，我国开始进入宽带卫星通信时代。未来，全面融合的天基信息网和地面移动通信网将构成覆盖全球、无缝连接的天地一体化信息网络，对保障国家安全、提高国家综合竞争力具有重大战略意义。

## 产城融合：5G+ 工业互联网

工业和信息化部部长苗圩曾指出，“5G 真正的应用场景，80% 是用在工业互联网，工业互联网是 5G 最期待的领域”。工业互联网（Industrial Internet）是互联网和新一代信息技术在工业领域、全产业链、全价值链中的融合集成应用，是实现工业智能化的综合信息基础设施。它的核心是通过自动化、网络化、数字化、智能化等新技术手段激发企业生产力，从而实现企业资源的优化配置，最终重构工业产业格局。5G 应用场景贯穿了工业制造的全过程，覆盖了供应链管理、AGV、柔性制造、生产过程控制、机器协作、库存管理、产品交付管理等各个环节。5G 将成为未来工厂的中枢神经，为工业生产带来颠覆性的变化。例如，青岛工业互联网产业园就是融合信息技术、人工智能、工业互联网平台、高端装备研发、物联网设计研发等新型产业功能及配套生产生活服务设施的用地，未来将与智慧家居、数字城市建设等方面深度合作，开启产城融合“青岛模式”。

## 民生改善：5G+XR 技术

扩展现实（Extended Reality，XR）是指通过计算机技术和可穿戴设备产生的一个真实与虚拟组合的、可人机交互的环境，包含了虚拟现实（Virtual Reality，VR）、增强现实（Augmented Reality，AR）、混合现实（Mixed Reality，MR）等多种视频呈现和交互方式。整个通信过程的低时延、高带宽、大连接的优劣程度直接影响 XR 视频体验的真实感与愉悦感，而 5G 的特征刚好满足了 XR 场景的实现。例如，5G+VR 隔离探视系统在昆明医科大学第一附属医院上线，搭建了一条隔离病房中疑似新冠肺炎患者和医生、亲属之间沟通的新渠道，而这个新技术很可能是挽救一条生命的沟通互动“生命线”，对于改善民生具有重要意义（图 5–5）。

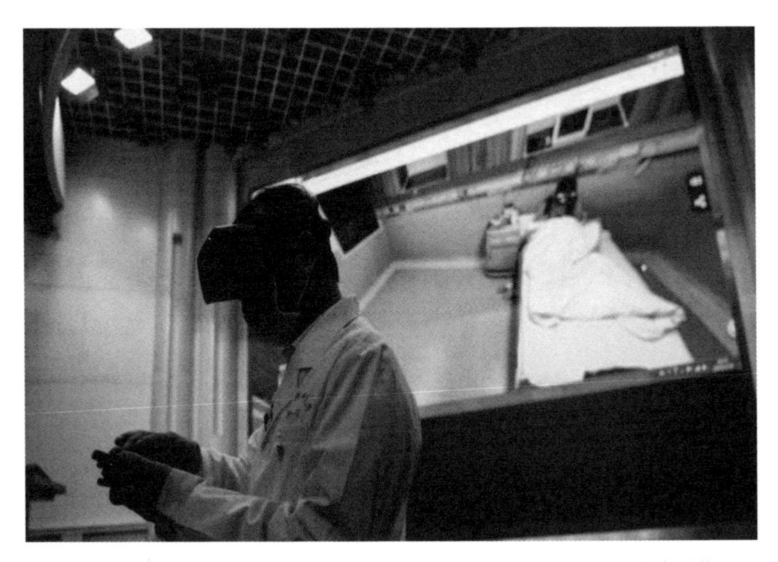

**图 5-5　5G+VR 隔离探视系统搭建患者与亲属之间的"生命线"**

（资料来源：http：//www.chinanews.com/tp/hd2011/2020/02-24/928922.shtml）

## 城市交通：5G+ 车联网

车联网（Vehicle-to-Everything，V2X）是一个车与万物互联的网络，包括车与车（Vehicle-to-Vehicle，V2V）、车与人（Vehicle-to-Pedestrian，V2P）、车与基础设施（Vehicle-to-Infrastructure，V2I）、车与网络（Vehicle-to-Network，V2N）、车与设备（Vehicle-to-Device，V2D）之间的通信。V2X 拥有清晰的、具有前向兼容性的 5G 演进路线，利用 5G 的低延时、高可靠性、高速率、大容量等特点，不仅可以帮助车辆之间进行位置、速度、驾驶方向和驾驶意图的交流，还可以用在道路环境感知、远程驾驶、编队驾驶等方面（图 5-6）。国内产业界已经开展基于 5G 的车联网研究和建设，提出"基于 5G 的平行交通体系"。将 5G 作为端—管—云之间的衔接桥梁，实现车、路、云实时信息交互，助力构建车路云协同的新型交通体系。在新型交通体系中，路端需要实现基础设施的全面信息化，车端需要实现交通工具智能化，云端需要实现智能交通的一体化管控。

2018 年，无锡市启动了首个车联网城市级示范应用重大项目，构建了相对完整的产业生态环境，无锡市以车路协同应用场景为导向，构建路侧基础设施环境，建设全息感知智慧路口，构筑“人—车—路—云”全域数据感知的车路协同体系，推动公安交管信息开放，探索车路协同应用标准体系，并赋能数字城市交通治理。

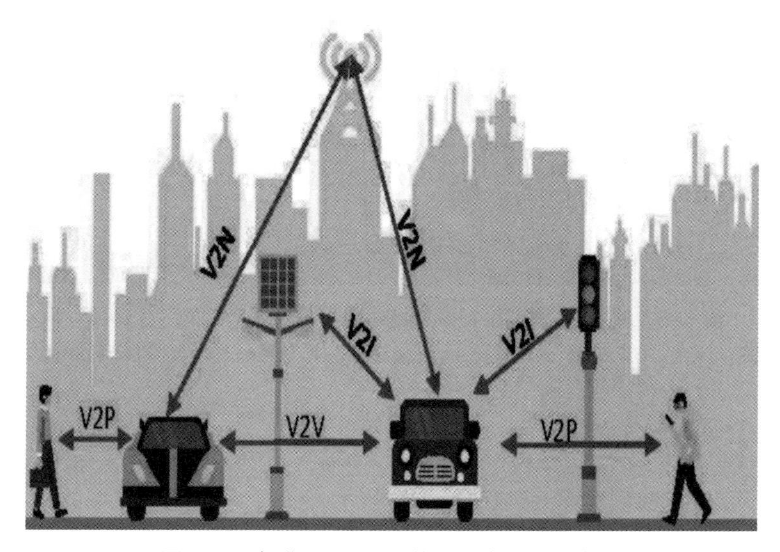


**图 5-6 车联网以 5G 网络作为主要通信方式**

（资料来源：https：//www.sohu.com/a/408766504_407401）

# 5.3 物联网

## 5.3.1 传统基础设施智能化

### 城市“新终端”建设

感知层的“新终端”建设是物联网发展的基础。上海发布的《上海市推进新型基础设施建设行动方案（2020—2022 年）》中包含“新终端”建设行动，围绕培育新经济、壮大新消费等需求，加快推动商贸、交通、物流、医疗、教育等终端基础设施智能化改造。“新终端”建设行动主要包括：规模化部署千万级社会治理神经元感知节点；新建10万个电动汽车智能充电桩；建设国内领先的车路协同车联网和智慧道路；建成市级公共停车信息平台；拓展智能末端配送设施，推动智能售货机、无人贩卖机、智慧微菜场、智能回收站等各类智慧零售终端加快布局；建设互联网＋医疗基础设施；培育教育信息化应用标杆学校；打造智能化“海空”枢纽设施；完善城市智慧物流基础设施建设。

## 城市能源互联网

能源互联网是综合运用先进的电力电子技术、信息技术和智能管理技术，将大量由分布式能量采集装置、分布式能量储存装置和各种类型负载构成的新型电力网络、石油网络、天然气网络等能源节点互联起来，以实现能量双向流动的能量对等交换与共享网络，而物联网是能源互联网的基础。苏州供电公司提出“打造苏州智慧能源高效能利用的能源互联网”的目标愿景，在能源供应方面，将建设互联互通的城市能源互联网枢纽平台，推动城市内外多种能源优化配置、高效利用；在能源配置方面突出智慧运营，将“大云物移智链”等现代信息通信技术与能源电力技术融合，构建数字化电网，实现对能源网络的全景感知和智能控制；在能源消费方面突出绿色节能，开展电能替代，分行业、

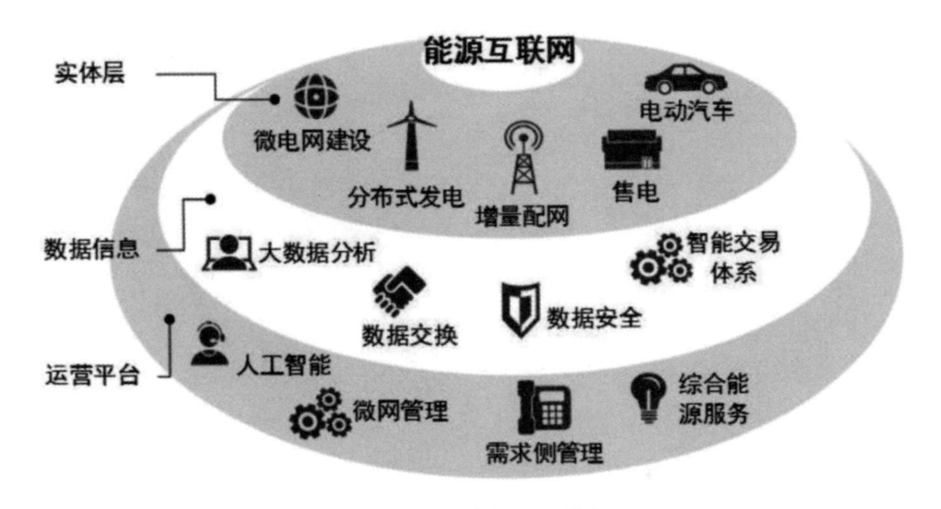


图5-7　城市能源互联网

分领域开展能源服务，提升能源综合利用效率；在能源服务方面突出多元共享，应用互联网新技术新应用，深化共享服务平台建设和运营，为政府、企业客户、能源服务厂商提供各类服务，拓展能源服务模式（图 5–7）。

## 生态环境物联网

生态环境物联网是目前全国最大的一张物联网。随着 5G 逐渐商用，其所具备的高带宽、低时延和大连接的特点，将进一步促进生态环境领域各类传感器技术进步与扩大应用范围，更好地支撑云端智能化应用，从而进一步驱动“智能 +”产业的发展与应用。首先，生态环境物联网不仅用于支撑生产，还用于支撑供水、固体废物处理和污水处理等，具有公共物品和准公共物品的特性，构成经济社会发展基础支撑。其次，从绿色发展理念要求来看，应进行传统基础设施绿色化改造和智能化、数字化改造；从可持续发展角度，生态环境基础设施的价值包括建设优质、可靠、能抵御生态环境灾害的环境基础设施，避免灾害对经济社会发展造成严重制约；推进可持续工业化，提高资源能源使用效率，需更多采用绿色、低碳、清洁、循环的生产工艺，建设绿色产业基础设施和推

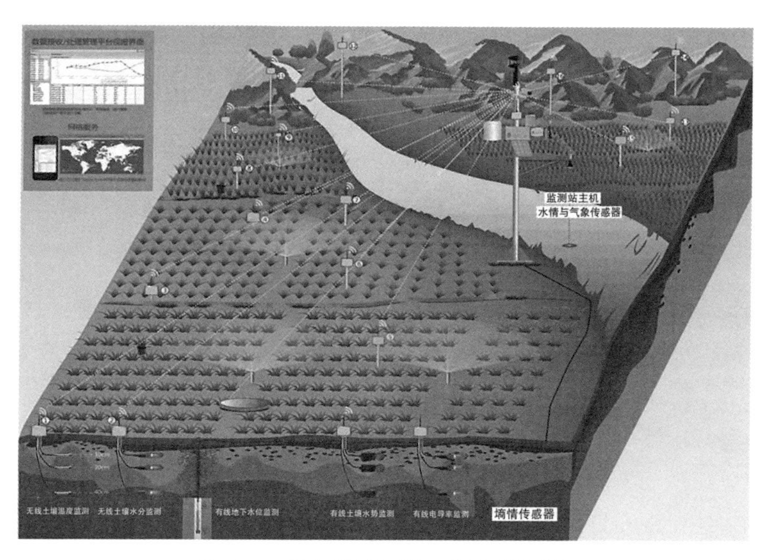


**图 5–8　基于物联网的环境监测系统**

（资料来源：https：//www.sohu.com/a/339191916_120232772）

进基础设施绿色化等。目前，物联网技术在生态环境领域主要应用于环境监测，其感知层和网络层功能实现较成熟，而应用层上基于环境监测网络数据信息的决策支撑、应急处理、灾害预警及处理等业务类型将有望取代单纯的信息发布，成为物联网环境监测的核心应用（图 5–8）。

城市物流生态网

物联网是推动智慧物流发展的重要方面。物联网的传感设备、RFID 技术、激光红外扫描、红外感应识别等技术，将物流中的货物与网络实现有效连接，并可实时监控货物。例如，RFID 技术应用在仓储领域，可非接触式读取货架相关信息，获取货物的准确位置，提高了分拣效率，减少了无效的人工作业，还可感知仓库的湿度、温度等环境数据，保障货物的储存环境。

海尔日日顺物流将物联网技术贯穿整个供应链管理上下游，引领大件智慧物流的发展。依托平台科技创新，日日顺物流打造了中国大件物流行业唯一一个全网覆盖、送装同步、到村入户的服务网络，为全国 2915 个县区的城乡用户提供无差异的送装服务。日日顺物流围绕用户需求，通过资源的开放，建成一个开放的生态圈。首先是开放仓配网络，吸引了菜鸟、小米等几百个品牌到日日顺物流平台上；其次是开放触点网络，吸引了 3000 多个核心服务商加入日日顺物流生态圈；最后是资本开放，除了战略投资方，日日顺物流设立了物流产业基金，集合智能物流设备、智慧供应链、大数据等，打造一个全产业链的生态圈，颠覆了传统的物流产业发展模式。

## 5.3.2　城市物联网发展

互联网到物联网

物联网是从互联网衍生出一个概念，2005 年国际电信联盟（ITU）在《ITU 互联网报告 2005：物联网》报告中，定义了物联网的意义和范畴，即通过射频识别装置、红外感应器、全球定位系统、激光扫描器等种种装置与互联网结合成一个全新的巨大网络，实现将现有的互联网、通信网、广电网，以及各种接入网和专用网连接起来，实现智能化识别和治理。

物理网的体系架构一般可分为感知层、网络层、应用层 3 个方面。感知层上，与互联网简单交互的设备相比，物联网终端的精确感知、精密控制的能力涉及更多的技术突破与学科领域；网络层上，物联网通信比互联网多两类新的需求：一是高宽带、高精度、低延迟，二是低功耗、广覆盖；应用层上，由于具备网络、终端、平台等几个层面的技术支撑，物联网的应用场景将加强数字世界与现实世界的融合，支撑城市数据治理（图 5–9）。例如，北京城管物联网平台积极构建集感知、分析、服务、指挥、监察“五位一体”的智慧城管总体架构，推进数字城市基础设施和公共服务建设，为城市治理打通“血脉”。

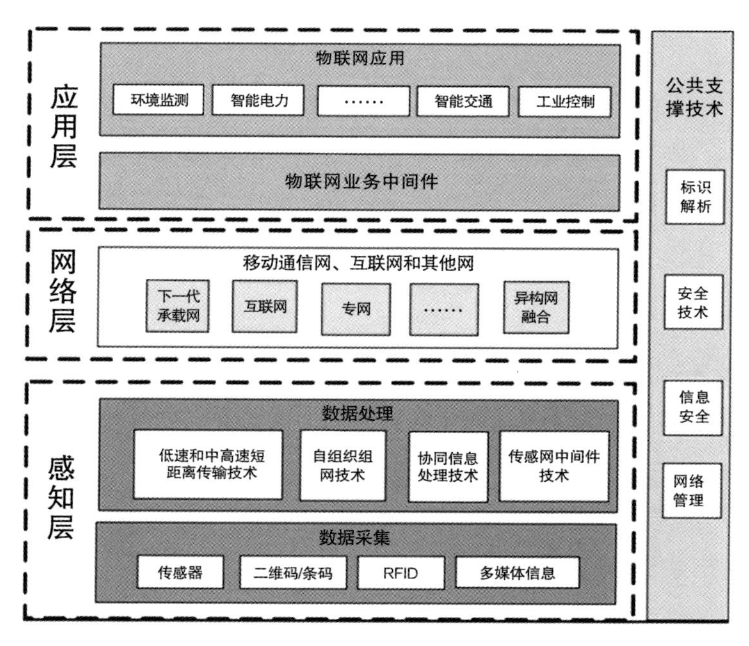


**图 5–9 物联网架构**

（资料来源：http：//www.sohu.com/a/250543970_100089455）

## 物联网到智联网

智能物联网（Artificial Intelligence & Internet of Things，AIoT）即人

工智能（AI）＋物联网（IoT），是2018年兴起的概念，指系统在监控、互动、连接情境下通过各种信息传感器实时采集各类信息，在终端设备、边缘域或云中心通过机器学习对数据进行定位、比对、预测、调度等智能化分析。随着城市物联网的大规模建设，未来会有更多的物联网设备不断接入，云互联网模式面临瓶颈，而智联网则强调数据处理方式的创新，利用边云协同，即边缘计算与云计算的协同，将那些高频次的，对实时性、安全性要求高的数据放在边缘端直接存储直接运用，将那些低频次的、将来运用于统计分析的数据上传到云上，以便未来做一些趋势分析（图5–10）。目前，AIoT与城市公共治理的结合主要集中在视觉识别、分析预测、优化调度等领域，可通过功能开发应用于城市安全防控、交通监管调度、公共基础设施管网优化、智能巡检、民生服务。例如，以前警方破案、追踪罪犯只能事后去翻看监控录像，属于事后处置。但随着AIoT边缘智能前置，就可以对重点人群或车辆进行事先的布控和跟踪，当发生异常情况时自动触发预警甚至报警，属于事前预防。

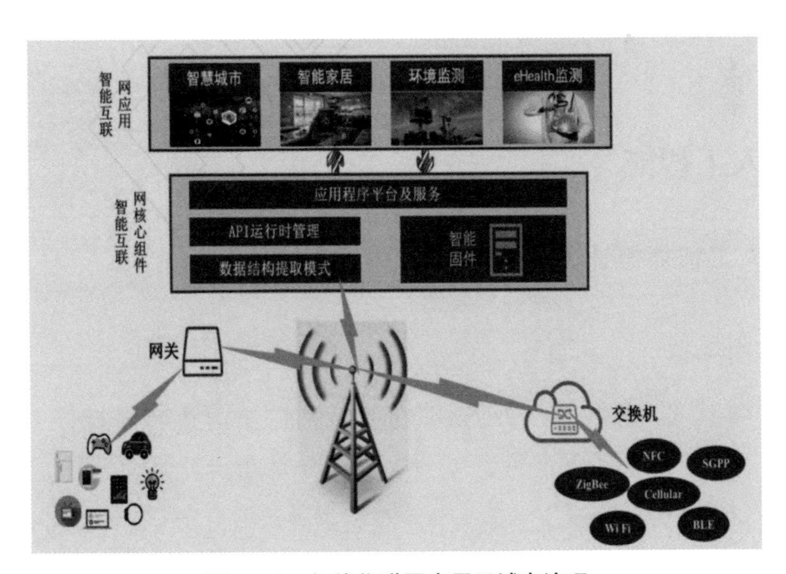


**图5–10　智能物联网应用于城市治理**

（资料来源：https：//doi.org/10.16619/j.cnki.rmltxsqy.2020.09.001）

### 5G 赋能万物互联网

万物互联网（Internet of Everything，IoE）建立在人员、数据、流程和事物这“4 个支柱”上，是能将事物、人、数据和业务流程连接起来，通过 5G 赋能，借助数字平台，通过数字流程相互连接而成的复杂网络生态系统。窄带物联网（Narrow Band Internet of Things，NB-IoT）已正式纳入 5G 标准，成为 mMTC 场景核心技术，也是实现万物互联网的重点，它在蜂窝网络中构建出来，作用在各个网络中，消耗很少的带宽数据，降低成本，提高通信效率，具有覆盖广、功耗低、连接强的特点，迎合 70% 以上的物联网场景需求。与物联网相比，万物互联网的连接对象更为广泛，能与人和社会环境进行强烈的交互。万物互联网中人、机、物都要接入物联网，意味着全球任何有联网意义的产品和服务都必须具有信息感知、智能计算、自动识别和联网的功能。万物互联对个人服务旨在采集与个人有关物体的数据，从而为个人用户提供智能化、个性化的服务；对政府服务主要利用万物互联网的各类技术建设数字城市，汇集城市的各类运行数据，形成“城市大脑”，在此基础上实现“智能政务”模式。

# 5.4 人工智能

## 5.4.1 人工智能概述

### 概念与现状

1956 年夏天，麦卡锡、明斯基等科学家在美国达特茅斯学院召开会议，研讨“如何用机器模拟人的智能”，首次提出“人工智能”（Artificial Intelligence，AI）这一概念，标志着人工智能学科的诞生。人工智能是研究开发能够模拟、延伸和扩展人类智能的理论、方法、技术及应用系统的一门新的技术科学，研究目的是促使智能机器会听，如语音识别、机器翻译等；会看，如图像识别、文字识别等；会说，如语音合成、人机对话等；会思考，如人机对弈、定理证明等；会学习，如机器学习、知识表示等；会行动，如机器人、自动驾驶汽车等。

人工智能从可应用性上分为专用人工智能和通用人工智能，近期进展主要集中在专用智能领域。例如，阿尔法狗（AlphaGo）在围棋比赛中战胜人类冠军，人工智能程序在大规模图像识别和人脸识别中达到了超越人类的水平，人工智能系统诊断皮肤癌达到专业医生水平等情境。而真正意义上的通用人工智能应当是类似人脑智慧的完备系统，目前尚处于起步阶段。《新一代人工智能发展规划》对规划人工智能行业提出了明确要求：实现多元异构的数据融合，实现全面感知和深度认知，推进全生命周期智能化的城市规划。人工智能作为新基建的“新技术基础设施”被推上浪潮。

### 深度学习

足够多、足够好的数据支撑人工智能感知阶段，而人工智能算法使计算机拥有思维，从而达到“理解、决策”，深度学习在这个过程中做出了巨大贡献。深度学习是机器学习的一个子领域，通过向模型中添加更多的“深度”，以及使用各种功能来转换数据，通过多层抽象层实现数据的分层，从而扩展了经典机器学习。深度学习网络结构主要由输入层、输出层和输入层与输出层之间的多个隐层组成，常见网络类型有 RNN（Recurrent Neural Network）、CNN（Convolutional Neural Networks）与 DNN（Deep Neural Networks）等。深度学习的一个强大优势是特征学习，即从原始数据中自动提取特征，而层次结构中较高层次的特征则由较低层次的特征组成。深度学习已经开始在计算机视觉、语音识别、自然语言理解等领域取得了突破。城市大脑中的城市视觉智能引擎就是使用深度学习技术构建实时车流预测模型，预测未来 1 小时内路口各方向的车流量，准确率在 93% 以上（图 5-11）。城市视觉智能引擎就像一把“照妖镜”，能从治理数据直观反映城市治理成效是否得到提升。

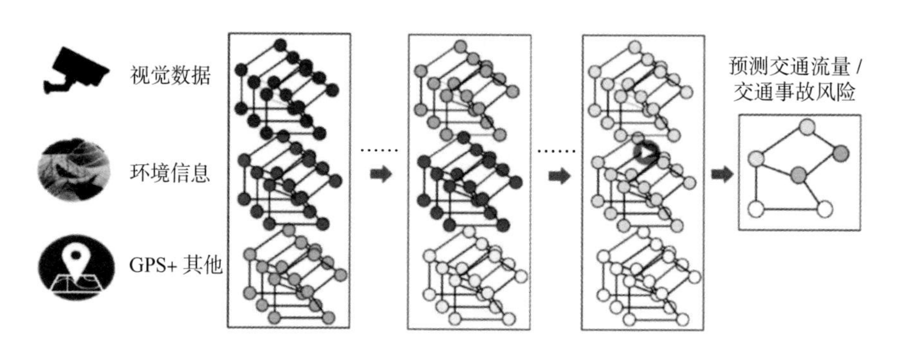


**图 5-11 基于深度学习的实时车流预测模型**

（资料来源：https：//www.sohu.com/a/402350081_224692）

## 计算机视觉

计算机视觉指通过电子化的方式来感知和认知影像，以达到甚至超越人类视觉智能的效果，是人工智能领域最受关注的方向之一。计算机视觉可以使机器能够像人类一样“看清”图像，处理和识别静止物体甚至视频中的连续动作。神经网络和深度学习的快速发展极大地推动计算机视觉的发展，大型神经网络在计算机视觉的部分细分领域已经取得优秀的成果。计算机视觉的应用场景广泛，在智能家居、语音视觉交互、增强现实技术、虚拟现实技术、电商搜图购物、标签分类检索、美颜特效、智能安防、直播监管、视频平台营销、三维分析等方面都有长足的进步。在社会治安领域，基于计算机视觉技术在公共场所安防布控，可及时发现异常情况，为公安、检察等司法机关的刑侦破案、治安管理等行为提供强力支撑。

## 知识图谱

知识图谱概念由谷歌于 2012 年正式提出，其初衷是为了提高搜索引擎的能力，改善用户的搜索质量及搜索体验。知识图谱 (Knowledge Graph) 以结构化的数据形式描述客观世界中的概念、实体及二者的相关性，将客观世界及互联网的信息表达成更接近人类认知的形式，提供了一种更好地组织、管理和理解互联网海量信息的基础支撑能力。目前，知识图谱普遍采用了语义网络架构中资源模式框架（Resource Description Framework，RDF）模型表示数据，其基本数据模型包括资源（Resource）、谓词（Predicate）和陈述（Statements）3个对象，用于构建包含主体、属性和客体的知识图谱数据集。知识图谱构建的数据管理模型是城市数据治理的基础（图5-12）。例如，阿里知识图谱团队通过知识特征提取与识别、知识表示、融合与推理的技术充分实现图谱的商业价值，融合消费者画像、场景挖掘和货品主题等属性，构建人—场—货的知识图谱来深度触达消费者搜索行为背后的隐性需求，通过智能推荐引擎鼓励消费者跨类目购买行为，给予消费者一站式的购物体验。

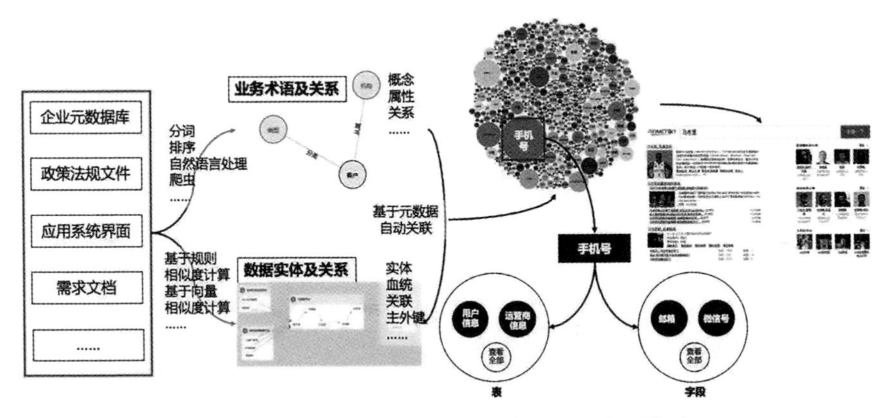


图5-12　知识图谱关系提供精确数据治理模型

（参考资料：http：//www.sohu.com/a/224844779_355140）

## 智能机器人

智能机器人是目前人工智能技术的集大成者，它包含了语音识别、自然语言理解、计算机视觉等关键的人工智能技术方向，为人工智能的进一步升级指明了技术突破的路径。在新基建浪潮中，人工智能技术借助智能机器人的应用能够从供给侧和需求侧打开空间，智能机器人是少数能跨行业、跨领域将新基建中高新技术融为一体的物理载体。

云端机器人将大脑计算和机器人本体分离，把大脑计算放在云端，实现集中控制和智能输出，高效的云端智能机器人只有在5G时代才能成为现实。新冠肺炎疫情期间，首都医科大学附属北京地坛医院运行云端固定测温机器人系统进行体温检测（图 5-13），该系统可同时快速地给 5 ~ 10 人测量体温，如果体温超过正常数值，系统就会自动告警，并快速回传监控，联动安保人员。该系统还具备智能人脸识别检测功能，能够在发热告警后自动拍照捕获发热目标并留存，方便安保人员进行二次测温和持续追踪。同时，可发现进入医院但没有佩戴口罩的人员，对其进行警示并提示禁止入内。智能测温机器人在疫情期间实现了疫情防控及公共安全的高效治理。

**图 5-13　在首都医科大学附属北京地坛医院运行的云端固定测温机器人**
（资料来源：https：//www.sohu.com/a/379822448_390227）

## 泛在智能

人工智能正在进入技术与产业融合发展的时期，其特征是“泛在智能”。一是“泛”于基础设施建设，在新基建的春风下，人工智能技术将逐渐转变为像网络、电力一样的基础服务设施，向全行业、全领域提供通用的 AI 能力。二是“泛”于更加多元的应用场景，人工智能正在渗透到各个领域，其商业应用也在不断催生出新业态、新场景、新融合、新交互和新目标的出现。多层次的城市治理体系、敏捷灵活的治理方式更能适应人工智能所具有的快速发展迭代、日益复杂化等特征。人工智能技术将迎来商业化时代，伴随着技术门槛的持续降低，创新性应用将持续涌现，“泛在智能”会以更普惠、更负责任的发展方式实现城市数据治理。

## 5.4.2　泛在智能城市治理

### 政府决策科学化

人工智能技术在疫情监控、风险分析预警等方面的应用，展现出其在辅助政府决策方面的优势。人工智能强大的数据采集和智能分析能力将进一步展现，社会运行体系的规律性将更容易被探索，社会需求变化趋势将更容易被监视，从而辅助政府进行科学决策。例如，平安数字城市打造的智慧政务平台体系，就充分运用 AI、大数据、区块链等先进技术，总揽数字政府的科学规划与推进统筹，辅助政府实现“精准决策”“协同办公”“智能管理”，助力政府转变职能，深化简政放权，创新监管方式，推动“放、管、服”改革。通过 AI 赋能的数字政府，让曾经的“办事跑断腿”变成了如今的“最多跑一次”，真正地提高了市民的满意度和幸福感（图 5–14）。

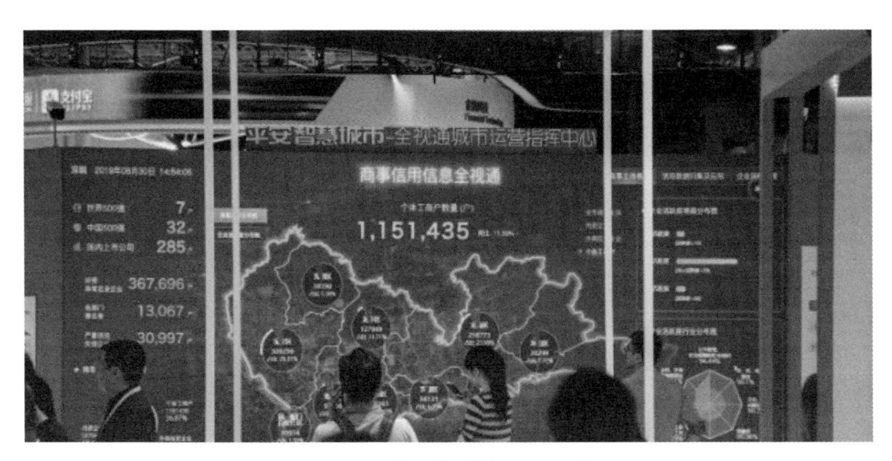


**图 5–14　平安数字城市智慧政务平台**

（资料来源：https：//www.sohu.com/a/337585009_100129545）

### 城市管理可视化

理想情况下，由 AI 引擎的计算机可以通过计算机视觉理解它所看到的内容，评估事件并识别值得关注之处，然后告知用户所需的应对举措。人工智能技术将城市的动态运行映射在多维、动态的数据体系中，从而满足城市管理的实时化、数量化，并最终以可视化形式呈现。城市的可视化管理将不仅停留在疫情期间，更将成为未来城市管理的常态化。麻省理工学院媒体实验室的“地点脉冲”项目，在对城市环境的安全感、富裕感、独特感进行机器学习评估的基础上，进一步分析了上述建成环境品质与犯罪活动之间的相关关系，发现建成环境的优劣与犯罪率的高低之间存在一定的相关性。其中，奈克等人还将街区安全感认知算法应用于多时间点的建成环境安全感打分，并与对应时间点的社会经济指标相结合，探索建成环境变迁与城市社会经济发展之间的关联。研究发现，建成环境变迁与社区人口密度和受教育程度最为相关。

# 5.5 大数据中心

## 5.5.1 数据演化

### 算力基础设施

算力基础设施是新基建信息基础设施的一种，是通过网络分发服务节点的算力信息、存储信息、算法信息等，结合网络信息，如路径、时延等，针对客户需求，提供最佳的资源分配及网络连接方案，并实现整网资源的最优化使用的系统性 ICT 融合解决方案。而大数据中心属于典型的算力基础设施。如果用城市这个维度来观察世界，人类城市的发展至少经历了 3 个非常重要的阶段：马力时代、电力时代，以及当前我们所处的算力时代。当城市第一次有“马力”时城市需要道路；当城市引入电力时我们需要电网；当城市对依赖算力时就需要有一个新的基础设施，这个基础设施就叫作“城市大脑”，“城市大脑”是算力时代全新的基础设施。在杭州高架上，每一辆车怎么进高架都会被测算，使得在不增加道路面积，不增加车道，也不增加红绿灯的情况下，能够通过算力让车行速度普遍提升。在现有资源无法满足城市发展的情况下，算力完全可以优化城市资源配置，并提升资源利用率。

## 时空大数据平台

时空大数据平台是基础时空数据、公共管理与公共服务涉及专题信息的“最大公约数”、物联网实时感知数据、互联网在线抓取数据、根据本地特色扩展数据，及其获取、感知、存储、处理、共享、集成、挖掘分析、泛在服务的技术系统。连同云计算环境、政策、标准、机制等支撑环境，以及时空基准共同组成时空基础设施。基于时空大数据平台，融合自然资源管理相关数据，可为国土空间规划、生态修复、自然资源资产管理等提供服务支撑；扩展交通领域直接产生

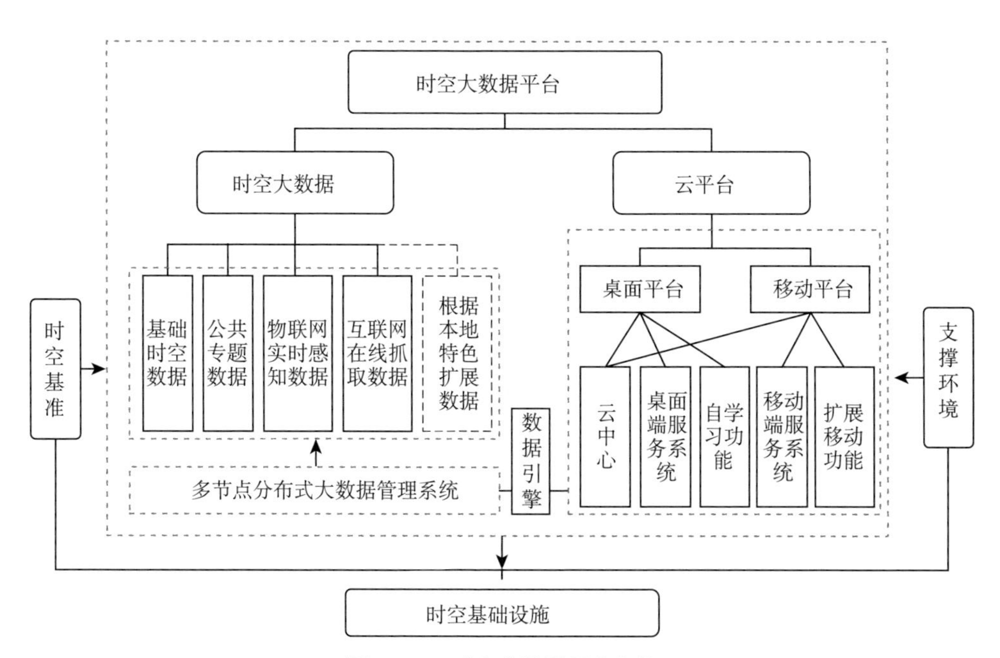


**图 5-15　时空大数据平台架构**

（资料来源：http：//gi.mnr.gov.cn/201902/t20190218_2395831.html）

的静态和动态数据、公众互动交通状况数据、相关行业数据和重大社会经济活动关联数据，实现智慧出行、智慧决策及城市交通一体化智能管理；还可扩展城管专题数据集，包括责任网格、实景三维高清影像、地下管线数据等，提高城市管理精细化水平和快速反应能力（图 5–15）。

2019 年 10 月，福建平潭综合实验区自然资源与空间信息时空云项目通过验收，这标志着福建省首个数字城市时空大数据云平台建设项目全部完成。项目成果已在平潭综合实验区“多规合一”信息联动平台、平潭网格化服务管理信息平台、平潭国土资源“一张图”系统等多个信息化系统中对接使用，可有效促进各个部门数据共享，为本区数字城市建设提供基础性保障。

### 智能计算中心

智能计算中心（Artificial Intelligence Data Center，AIDC）是围绕人工智能产业需求而设计、为人工智能提供专门服务的智能化大数据中心，其建设目标就是服务于区域人工智能产业和智能化社会建构。2019 年，西安的沣东新城搭建了西北地区首个人工智能领域的新型基础设施——沣东人工智能计算创新中心，该中心填补了西部地区人工智能基础设施的空白。在计算力的推动下，现在人工智能正在从 AI 产业化向产业 AI 化的方向发展，在这个过程中需要建立开放融合的人工智能生态，从硬件到应用，全产业要紧密配合，面向多样化个性化的用户需求提供整体解决方案。沣东人工智能计算创新中心将聚焦五大功能性服务：智能计算软硬件资源共享及调度、交叉研究支撑、大数据应用、统一安全管控及产业创新集聚，也会开展人工智能人才培养工作，构建“平台 + 应用 + 人才”三位一体的新型产业发展模式，注重打造“算力 + 生态”，形成从基础层到应用层的人工智能产业链，达到创新创业、产业升级的良性循环，推动各行业人工智能应用落地。

### 数网协同

随着数据中心和 5G 一起被列入新基建，数据中心和网络的协同发展被提到了更高的位置，数网协同将成为数据中心发展的下一站。DCI（Data Center Interconnection）即数据中心互联网络架构，可增强云服务商内部的数据中心间互联，数网协同通过专用网络连接云或数据中心。推动区域网络直联、专用数据中心网络通道建设、定向网络直联和本地网络直联点等方面的建设，使以数据中心为中心的网络质量大幅提升，数网协同将能更好适应并支撑上层应用的发展。一直以来，中国信息通信研究院云计算与大数据研究所积极参与开放数据中心委员会（ODCC）网络方面的相关工作，持续进行关于数据中心网络的研究，构建开放的网络生态圈。同时，中国信息通信研究院云计算与大数据研究所也在电气和电子工程师协会（Institute of Electrical and Electronics Engineers，IEEE）进行智能无损网络项目的研究，将国内的研究成果推向国际，促进数网协同快速发展。

### 5.5.2 城市大数据治理变革

#### 城市治理挑战

我国城市公共厕所建设严重滞后于城市发展水平，有些城市还在忍受垃圾围城的剧痛，严重的城市交通拥堵带来能源损耗、环境污染和出行成本增加，“倒逼”城市政府必须找到经济又有效的解决方法。而引入大数据技术进行城市治理后，又带来了公共信息安全隐忧、部门利益至上的“信息孤岛”问题，以及城市治理的“数字利维坦”效应。“数字利维坦”是现代社会面临的新型危机，具体表现为：数字技术发展对虚拟社会的逐步消解，“数字利维坦”对社会分裂的助推，“数字利维坦”对个体化社会存在基石的冲击。正确的价值理性能够引导大数据理性价值的最大化，大数据赋能城市治理现代化追求的价值理性是在城市治理中树立信息化思维，警惕“数据小农意识”，共享和开放大数据，对大数据“技术崇拜”保有清醒的认识，把数据异化转化成数据红利。

## 数据驱动“城市智脑”

短期来看，社会治理能力提升对城市数据中心提出需求，建立数据驱动的“城市智脑”。从综合治理方面，要实现公共安全、市场监督、生态保护及产业运行的管理；从民生服务上，要进行政务办理、医疗健康、交通出行等领域的改善。杭州率先谋划建设城市大脑，初期源自交通治理的堵点，数据不通则交通不畅，既加大城市运营成本，也影响群众生活品质。杭州从“数字治堵”入手，创新退出“延误指数”，通过车辆全样本分析、数据全流程监管，让交通信号灯的控制算法越来越“聪明”。“治堵”显身手后，杭州城市大脑继续向“数字治城”延伸，如商业数据与政府部门数据多维融合，可以让游客“20 秒进入公园，30 秒入住酒店”，已分别覆盖 163 个景点和文化场馆、414 家酒店。杭州已有 60.3 万个停车位实现先离场后付费，免去排队交费；全市 254 家医疗机构接入舒心就医应用场景。而在 2020 年面对新冠肺炎疫情，城市大脑迅速转战“数字治疫”，杭州各大医院的发烧门诊人数，如今都能在城市大脑平台即时、准确显示，这些数据在疫情防控期间发挥了重要参考作用（图 5–16）。

**图 5–16 杭州城市大脑城市治理示意**

（资料来源：https://g.itunes123.com/a/20180802001608151/）

## 数据互通“双跨”

从中期来看，国家治理现代化需要跨行业、跨地域的协作通道，即数据互通“双跨”。从破除行业壁垒角度，专精化的行业数据中心将不断涌现，数据中心间的数据互通将极大提升国家治理能力，如建立国家工业互联网数据中心、国家健康医疗数据中心等国家级行业数据中心，可有效消除行业数据壁垒。从破除地域壁垒角度，大数据综合试验区作为跨区域类综合试验区，将更加注重数据要素流通，以数据流引领技术流、物质流、资金流、人才流，支撑跨区域公共服务、社会治理和产业转移，促进区域一体化发展。例如，京津冀大数据综合试验区的建设主要包括建立京津冀政府数据资源目录体系、公共数据开放共享、大数据产业聚集、大数据便民惠民服务、建立健全大数据交易制度和大数据交易平台等试验探索，打破数据资源壁垒，发掘数据资源价值，在数据开放、数据交易、行业应用等方面开展创新探索。以数据中心建设推动“双跨”协作，最终建立全国一体化国家大数据中心体系。

## 数据网络安全

未来世界将拥有三大特征：软件定义世界，万物皆可互联，数字驱动一切。如果新基建是未来社会的基础，那么网络安全就是新基建的底座。我们需要一种全新的网络安全体系框架与作战方法，至少要做到3点：第一，一个安全大脑，通过全网安全大数据采集，建立巨大的网络攻防知识库，实现情报监测与攻击预警，通过AI与网络专家结合，分析解读对手并进行反制；第二，一张网络地图，在网络空间对抗时，对方有多少服务器、多少设备被进入网络、采用怎样的拓扑结构、流量如何，只有描绘出这样一幅全面的地图，才能做到打有准备之仗；第三，一个挖掘基地，建立一个国家级的、众包形式的漏洞挖掘社区，将为网络安全提供大量的数据与信息支持，才能最全面地掌握攻防战的主动权。

## 参考文献

[1] 许皓，李百浩．思想史视野下邻里单位的形成与发展[J]．城市发展研究，2018，25（4）：39–45．

[2] 肖军．论城市规划法上的空中空间利用制度[J]．法学家，2015（5）：72–83．

[3] LINDQUIST M，LANGE E，KANG J．From 3D landscape visualization to environmental simulation：the contribution of sound to the perception of virtual environments[J]．Landscape & urban planning，2016，148：216–231．

[4] 郜春海，王伟，李凯，等．全自动运行系统发展趋势及建议[J]．都市快轨交通，2018，31（1）：51–57．

[5] 席健，吴宗之，梅国栋．基于ABM的矿井火灾应急疏散数值模拟[J]．煤炭学报，279（12）：129–135．

[6] 田志强，王亚华，尚津津，等．基于土地利用规划实施的中心城区扩展监测评估研究：以淮南市为例[J]．中国土地科学，2015（11）：56–62．

[7] 杜金龙，朱记伟，解建仓，等．基于GIS的城市土地利用研究进展[J]．国土资源遥感，2018（3）：9–17．

第6章

# 时空数据治理：实现数字城市规划与建设

卫星、遥感等探测系统为空间数据的获取与管理提供了方便，互联网、物联网的发展也使时空数据有了新的形式，因此本章着眼于数字城市背景下产生的时空数据来辅助城市的规划和建设，分别从人际行为极、逻辑区域极、空—天—地物理极对时空数据进行分析，对建筑设计、城市调度规划、环境规划等不同方面进行阐述。

## 6.1 “三极”城市数字空间

### 6.1.1 人际行为极

#### 进化城市

格迪斯是现代城市研究和区域规划的理论先驱之一。对于格迪斯来说，城市不仅仅是一本历史教科书或档案储藏室，他认为城市是人类演进和历史过程中的一个活跃角色。格迪斯倡导区域规划思想，认为城市与区域都是决定地点、工作与人之间，以及教育、美育与政治活动之间各种复杂关系的基本结构。他认为城市是社会演变的专门机构，是已获得的遗产传播媒介。它累积并承载了一个区域的文化遗产，并将这些遗产与更大范围内的文化遗产相结合，如国家的、民族的、宗教的、人类的遗产。它将合成的结果留在其世代相传的市民身上，城市吸收了每一代人的经验，并将这些记录传给下一代。它主要是地区记忆的承载工具，但是也为更广大的群体记忆服务。格迪斯对城市问题的认识，在生物进化论的基础上又飞跃了一个层次。他坚信看待城市的正确方式是将其作为一个受制于发展、兴盛和衰落的自然过程有机体。他想要争取的，用他自己的话说就是“即使是在最好的城市中，寻求基本的、像自然主义一样的观点”。格迪斯绝不是反城市的，但是他对工业城市的态度是相当直率的。他想要在工业文明的框架内还原“美好生活”的本意。这些思想对大伦敦规划和美国田纳西河流域规划产生影响。他主张在城市规划中应以当地居民的价值观念和意见为基础，尊重当地的历史和特点，避免大拆大建。同时，他认为城市规划工作者应把城市现状和地方经济、环境发展潜力与限制条件联系在一起进行研究，再作规划，即调查—分析—规划。

### 邻里单位城市

1929 年，由美国规划师佩里首先提出“邻里单位”这一概念，它针对当时城市道路上机动交通日益增长、车祸经常发生、严重威胁老弱及儿童穿越街道，以及交叉口过多和住宅朝向不好等问题，要求在较大范围内统一规划居住区，使每一个“邻里单位”成为组成居住的“细胞”，并把居住区的安静、朝向、卫生和安全置于重要位置。在邻里单位内设置小学和一些为居民服务的日常使用的公共建筑及设施，并以此控制和推算邻里单位的人口及用地规模。第二次世界大战后，在此基础上发展成为“小区规划”理论。

### 慢行社区

慢行社区是城市中专门为慢行交通所保留或慢行系统优先的区域。设置慢行社区的目的在于鼓励区内步行及自行车出行，减少机动车交通，营造安全、宜人、舒适、充满活力的城市慢行社区。亚特兰大是美国第九大城市，坐落于美国南部的佐治亚州，是美国东南部的重镇。将中城创新区变成美国最杰出的社区之一，保证这个社区在生活质量、交通出行、社区安全、公共空间、社区环境等方面都达到高标准是城市规划建设的一个美好蓝图。慢行社区是其中的核心内容。从 1978 年成立以来，该区一直在改善人行道、街景、桥梁、寻路标牌，还额外在整个中城创新区种了 2200 棵树，让慢行社区的环境更加优美。另外，雇用值班的亚特兰大警察局警官和民警巡逻，为中城创新区提供额外的安全保护。在环境上，他们深知“破窗效应”的危害，专门雇人维护树木、保证公共道路通畅无垃圾、清除不必要的涂鸦等。这里有 150 多家美味餐厅，有丰富的生活服务设施，而且大量的第三空间也为人才之间的交流提供了机会。每年频繁举办3000多场次的活动，更是让人们体会到了多元包容、充满活力的生活方式。

## 6.1.2　逻辑区域极

### 卫星城市

卫星城是指在大城市郊区或其以外附近地区，为分散中心城市（母城）的人口和工业而新建或扩建的具有相对独立性的城镇。它是一个经济上、社会上、文化上共有现代城市性质的独立城市单位，但同时又是从属于某个大城市的派生物，因其像卫星一样围绕着中心城市，故名“卫星城市”。卫星城市理论是从霍华德的“田园城市”理论发展而来，根据霍华德的设想，1919 年英国规划设计第 2 个田园城市——韦林花园城市时，即采用了卫星城市这个名称。2008 年以后，中国开始形成各种城市群。城市群形成，就会有核心城市及卫星城。以长三角城市群为例，昆山成为上海、苏州的腰眼，与上海、苏州同城化，昆山开启了苏昆沪、苏昆太时代。根据昆山的城市规划，到 2030 年，昆山将建成国际知名的先进产业基地，毗邻上海都市区的新兴大城市，现代化江南水乡城市。

昆山是苏州地区外向型经济的代表城市，工业非常发达：2015 年第一产业占比 0.93%，第二产业占比高达 55.05%，第三产业占比 44.02%。这已经是工业占比下降后的结果，2010 年昆山第二产业占比高达 64.08%。自 1978 年改革开放后，以昆山为代表的地区是溢价最高的地区，掘出中国现代工业社会时代最大的一桶金，工业下行之后，昆山又成为城市群形成过程中最受益的地区。不仅如此，在产业链的形成过程中，昆山已经有了企业家、技术人员等完整的人才链条，有 4 个国家级、省级经济技术开发区。从轨道交通、产业结构、人才方面看，昆山具有实现目标的现实基础，既有经济基础，又有依附在发达经济之上的水乡文化。

### 中心地城市

中心地的概念是德国地理学家克里斯·泰勒在 1933 年提出的。“中心地理”指的是在一个城市体系中，大、中、小城市都有各自的经济中心作用，较大城市的经济中心作用包含着较小城市的经济中心作用。每个城市的规划，既要看到本市的经济中心作用，又要看到与其他城市的分工协作关系。这一理论提示了城市的主导产业对城市规划的决定性影响。利用中心地理论可以解析中国城市群空间自组织演化状态，以长三角为例，通过分析总产值数据，确定区域的中心地规模等级，并在此基础之上做中心地分割空间的理论模型，从市场原则下对空间分割曲线与理论模型拟合程度进行比较发现，长三角城市群的拟合程度好，空间结构发育接近理论状态。

### 有机疏散城市

城市有机疏散理论是芬兰建筑师伊利尔·沙里宁为缓解由于城市过分集中所产生的弊病而提出的关于城市发展及其布局结构的理论。他认为，今天趋向衰败的城市，需要有一个以合理城市规划原则为基础的革命性演变，使城市有良好的结构，以利于其健康发展。沙里宁提出了有机疏散的城市结构的观点。他将城市划分为多个区域，根据城市现状及未来的发展，每个区域之间都留有足够的空间，使各区域可随着城市的发展，逐步缓慢地向外扩展，并按照各区的功能要求，将城市的人口和就业地点分散到离开中心的区域，逐渐缓解城市由一中心向外无限扩展及人口聚集的紊乱现象。城市应该有联系整个城市的主干道，为了满足高速车辆穿越时不受阻挡，也为了避免对居民的干扰，要将主线路设在带状的绿地中，与住宅区拉开一定的距离。他认为，这种结构既要符合人类聚居的天性，便于人们实现共同的社会生活，感受到城市的脉搏，又不能脱离自然。有机疏散的城市发展方式能使人们居住在一个兼具城乡优点的环境中。以大伦敦规划为例，该规划设计了以伦敦为核心的大都市圈的空间结构，以有机疏散为目标，在大伦敦都市圈内规划出数十个新的“半独立”城镇以承担中心区的外溢人口，为战后的城市重建分担压力。而且这些城镇疏解了伦敦市中心区的一些基本功能，提供了居住和就业场所，分担了伦敦市中心区超过1/3的人口。

### 6.1.3　空—天—地物理极

#### 地下城市

地下空间不仅是城市重要的空间资源，是各类建设活动的基础，同时是地下岩土资源、地下水源、地下可再生能源等的重要载体，以及自然生态系统的重要组成部分。科学评估地下空间资源条件，协调地下空间各类资源之间的关系，是城市可持续发展的重要前提。地下空间是城市各类基础设施的重要载体，通过对地下轨道交通系统、地下道路系统、地下防灾安全系统、地下物流系统、地下市政设施系统的综合、分层布局，构建立体高效的城市基础支撑系统，是城市综合承载力的强有力保障。地下空间是城市公共空间的重要组成部分，通过促进地下轨道站点、公共服务设施、公共空间、基础设施的一体化布局，形成地上地下一体、地下互连互通、舒适便捷的地下公共空间系统。与此同时，通过将过境交通、大型市政场站的适度地下化，释放更多的地面和浅层地下空间，能有效改善城市步行条件，提升城市综合环境品质。地下空间由于其密闭性好、环境稳定性强等特点，可为城市应急避难系统提供有力支撑，通过地上地下防灾空间的统筹布局，建立地下主动防灾体系，提升城市应急防灾能力。另外，随着地下工程建设技术的发展，深层地下空间为大型战略储备设施、数据中心、指挥中心、雨洪调蓄设施等新型战略防灾设施的建设提供条件，是新时代城市战略安全的重要前沿阵地。

### 空中城市

空中生态花园（图6-1）是一种全新的建筑方法，能将别墅、胡同街巷及四合院整合在一起，搬到空中，建成一座空中城市，使住房既实现别墅和四合院的全部功能，又不占空间，可建在城市中心任何地方。第四代住房的主要特征是：每层都有公共院落，每户都有私人小院及一块几十平方米的土地，可种花种菜、遛狗养鸟，可将车开到每层楼上的住户门口，建筑外墙长满植物，人

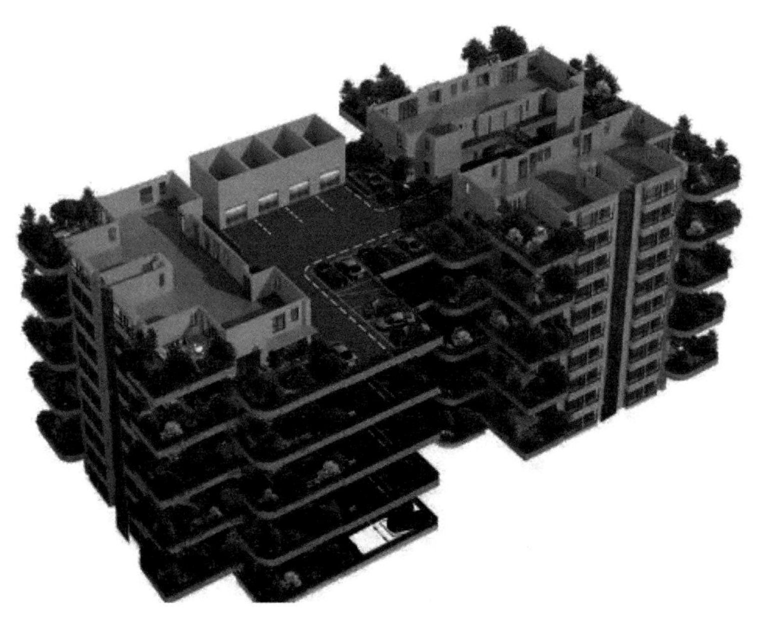

**图6-1 空中城市**

（资料来源：https://mp.weixin.qq.com/s/PnNMuVZgxwKSJSAD6bpCGg）

与自然和谐共生。另外，住户车辆及访客车辆都可通过小区外围道路及智能车载系统，一分钟内即可开到任何楼层的公共院落里，停在所去屋前的停车位上，方便了人们回家停车和驾车出行，彻底解决了住户停车难的问题。行人则走小区内道路及载人电梯，实现人车分流及小区内无车辆通行，同时彻底告别空气污浊、黑暗的地下停车时代，节省了24小时的地下停车照明和排风能源。

建设空中连廊系统能够有效解决城市中心区交通拥挤、空间紧缺等问题。空中连廊可以为城市发展打造友好的人车分行交通架构、丰富多彩的空间形态层次、多功能的城市观景平台、网络化复合公共空间，通过优化整合，集约利用资源，大幅提升商圈聚合服务水平。法国拉德芳斯交通系统将行人与车流彻底分开，互不干扰。利用地面二层及步行道建成约67万平方米的步行系统，该步行系统于2004年建成，主要采用平台式的组织模式。国内近期较为先进的步行连廊为上海徐家汇空中连廊。徐家汇空中连廊主要采用串联式和并联式相结合的方式，建成后将与徐家汇中心二层的10余条空中大平台整体连通。也有研究利用具有无人驾驶或远程遥控驾驶能力的垂直起降（VTOL）、短距起降（STOL）飞行器进行载人或载物运输，以克服日益增长的地面交通拥堵问题。对于城市空中交通这一场景，无人机将同时面临由地面高层建筑形成的静态障碍和空中其他飞行器构成的动态冲突威胁。如何在保证算法实时性的前提下实现对动态障碍和静态障碍双重目标的自主避撞并优化避撞决策路径是研究的重点。

## 韧性城市

韧性城市是人类作为命运共同体，以综合系统的视角，应对风险和危机的新思路。国际韧性联盟认为“韧性”具有3个本质特征：①系统能够承受一系列改变并且仍然保持功能和结构的控制力；②系统有能力进行自组织；③系统有建立和促进学习、自适应的能力。美国、日本等国家和地区均在韧性城市规划和建设方面进行了探索。2012年11月，基于应对“桑迪”特大风灾的经验教训，纽约市出台《纽约适应计划》；2013年6月，纽约市市长颁布《一个更强大、更具韧性的纽约》。其中提出：以“韧性”城市为核心理念，以提高城市应对风险能力为主要目标，以增加城市竞争力为核心，以加强基础设施和灾后重建为突破口，以加大资金投入为保障，在工程、经济、社会、组织等几个方面推进了纽约“韧性”城市的建设。纽约市市长彭博上任后非常重视气候变化问题，于2006年4月组建了“纽约长期规划与可持续性办公室”，重点关注减排和适应议题，2007年9月推出了旨在提升纽约城市可持续性的“规划纽约”（PlaNYC 2030）计划，2010年推动成立“纽约气候变化城市委员会”（New York City Panel on Climate Change），并组建了适应、海平面上升等跨部门的工作组，有助于将行动意愿转化为政策和实践。大力改进沿海防洪设施，强调硬化工程和绿色生态基础设施建设相结合。针对建筑、给排水、液体燃料及重要公共设施，研究提出新标准。同时，转变传统灾害评估方法，从战略的高度反思城市韧性塑造。不再仅基于历史灾害信息进行风险评估，而是采用了IPCC第五次气候变化评估报告中最新的、精度更高的气候模式，对于纽约市2050年之前的气候风险及其潜在损失进行了评估。韧性城市强调通过将规划技术、建设标准等物质层面和社会管治、民众参与等社会层面相结合的系统构建过程，全面增强城市的结构长期适应性，提升居民生活幸福感和安全感。这与传统视角对公共安全问题的关注点具有较大差异。城市层面应当进行全面统筹，针对保障公共安全的基础设施进行总体设计、管理和监控。加强城市基础设施防灾能力设计，动态掌控基础设施抗灾能力。研究推出不同灾害影响范围的建筑物韧性标准，主动加固和翻新潜在风险建筑，依据新标准建设新增建筑。保障充足的空间资源，建构开放的空间骨架，强化固定避难场所布局，提高综合交通系统冗余度和灵活性。

## 6.2 城市数字空间描述

建筑信息模型（Building Information Modeling，BIM）是建筑学、工程

学及土木工程的新工具。BIM 的核心是通过建立虚拟的建筑工程三维模型，利用数字化技术，为这个模型的利益方提供一个完整的工程信息交换和共享的平台及全寿命周期的管理。从 2010 年开始，城市信息模型（City Information Modeling，CIM）的概念被提出，是以城市信息数据为基础，建立起三维城市空间模型和城市信息的有机综合体，从数据上讲，是由大场景的 GIS 数据和 BIM 数据构成并作为数字城市建设的基础数据。在 BIM、CIM 的基础上加载城市的环境数据（风、水、空气、污染物等）及城市社会经济数据（人口、产业、信息、资产等）等相关数据，并把这些数据落实到空间上去，这便是城市数字空间模型（Digital Spatial Model，DSM）的概念。作为一个基本的技术手段，城市仿真系统（City Simulation System，CSS）可基于 BIM + CIM + DSM 的技术支撑平台，承载城市空间规划信息，对城市规划、建设、管理在虚拟仿真的基础上进行分析和预测，是数字城市规划的一个非常有用的技术手段。

### 6.2.1 BIM 视角

#### 倾斜摄影

三维模型是建设智慧城市的重要数据类型。近年来，随着倾斜摄影技术和计算机处理技术的快速发展，倾斜摄影技术越来越多地应用于各个行业，逐步替代了传统三维建模，以无人机作为载体携带倾斜相机实现倾斜摄影已成为一种趋势，致力于数字城市的发展。利用倾斜摄影技术可以快速构建城市三维模型，包括数字线划图、建筑模型细部分析、模型纹理制作。数字化地形图作为规划编制中的重要地理信息之一，能够为规划设计部门提供较为科学的地理信息产品，将 GIS 数据与倾斜摄影进行结合，能够不断提高数字化地形图的准确率，使建模具有高效的特点。在城市规划领域，可通过无人机倾斜摄影获得监测地物的影像，利用 Smart 3D 软件建构实景三维模型，开发基于倾斜摄影的城镇违法用地监测系统。

### 智能楼宇运维

BIM 智慧楼宇运维管理平台是通过 3D 数字化技术，为运维管理提供虚拟模型，基于设计、施工阶段所建立的机电设备 BIM 模型，创建机电设备全信息数据库，用于信息的综合存储与管理。综合运用 BIM、物联网、互联网、大数据等技术，集成环境监控、设备监控、预警提醒、安全防范、能耗管理、设备设施管理，以及空间资产与租赁管理等，实现工程项目在运营阶段全方位、全过程、多维度、可视化的有效管控，促进管理向标准化和精细化提升。

### 全过程 + 全参与方精细化建设

悉尼的布莱街一号项目是一个自始至终贯彻 BIM 技术思路的典型应用实例。项目的实施构想源于对信息化工程实践和管理的探索，从 BIM 所需要解决的传统工作模式问题和矛盾出发，在资源信息方面，对 BIM 发展的理解分为 4 个阶段：传统的二维设计、三维建模、协同工作、资源整合；在工作模式方面，将整个建筑行业从各专业分散独立的分工引向协同合作、高度整合的方向。这个项目本质上也是 BIM 技术在全生命周期中应用价值的体现和证明。布莱街一号从策划设计到可持续性分析，再到施工建设，最后到物业管理，全部环节涉及的参与方都坚持采用 BIM 技术，与传统工程模式区分开来。在设计开发阶段，建筑、结构、水暖电 3 个专业的模型被整合在一起。通过对整合模型和信息的模拟分析，能够尽早开展一系列的评估和鉴定，以支持和优化设计阶段的决策。例如，在建筑专业设计中，双层玻璃幕墙是布莱街一号的重点，不仅为大楼的使用者提供从悉尼核心商务区观赏悉尼特色景观的最佳渠道，而且结合多种被动式节能技术和温度、亮度、湿度传感设备，对整个绿色建筑的能源利用产生全自动反馈调节。该幕墙系统采用独特的百叶窗设计，随阳光角度自动调节，既充分利用太阳能，又不影响观景效果。基于全 BIM 模型，日照、遮阳、通风和能耗专业分析软件可以获取精确的计算结果，以便优化设计每个细节。布莱街一号的 BIM 实践并未随着工程竣工而终止，从策划到设计，再到施工，布莱街一号工程项目的信息和数据逐渐丰富，并高度整合于 BIM 模型之中。项目团队将所有的内部信息建立起一个综合数据库，业主和物业管理方能够轻松调用数据库中的信息，并与其他管理信息协调，从而提高运维效率。

### 6.2.2　CIM 视角

#### 城市细胞数据库

一栋建筑可谓是城市的一个细胞，细胞里面还有大量的数据和信息，是城市运维中不可或缺的元素，因此，一个靠激光扫描形成的 3D 轮廓城市建筑模型就很局限，数据量远远不够。BIM 数据库的数据细度能够精细到建筑内部的一个机电配件、一扇门。从一个整体城市视图可以快速定位到一个园区、一栋建筑，便可快速查找到一栋建筑中的所有相关数据。

#### BIM+GIS+IoT 管理城市

CIM 与两个部分的内容密切相关：一是 BIM 及其相关的智能建筑或智能设施；二是三维信息城市。一方面，各类 BIM 的集合构成了城市级别的信息模型，可为城市规划、建设、运营管理提供信息化支撑；与 GIS 和微观物联网（IoT）相融合，构成了工程意义上的 CIM（图 6–2）。另一方面，三维城市模型一直是城市规划设计关注的核心之一，是人们认知城市的一个维度。这些都促进了 CIM 的形成。CIM 从诞生伊始就带有 BIM 的基因，而 BIM 则是 CIM 的基本要素。建筑、市政、道桥、水利、园林等 BIM 数据组合起来，打通内部通道，就构成了城市级的 CIM，形成更复杂、更全面、更开放的城市信息协同系统。BIM 使单一的建筑物模型立体可视化，再按照 GIS 思路考虑大场景，就可以考虑得更周全，包括宏观、微观，室内、室外、地上、地下等。BIM 与 GIS 的集成应用，实现了城市透明化与数字化，是智慧城市建设的信息化大数据基础设施。CIM 不但要承载城市规模的海量信息，还要作为云平台提供协同工作与数据调阅功能。IoT 的作用是连接各领域数据，在数据与 CIM 之间架起桥梁，让整个城市的数据处于鲜活状态。CIM 平台以共享为基础，以数据开放、规划开放、产业开放为目标，以安全为底线，搭建原始创新能力。例如，以 XDB（雄安数据交付标准）开放数据格式实现“大场景三维地理信息系统（3DGIS）数据 + 小场景 BIM 数据 + 微观物联网（IoT）数据”等有机融合，确保各专业交付成果的名称标记、数据标记、计量单位、坐标体系四位统一，实现多软件共享格式、多领域公开应用，全面提升平台的灵活度、适用性和安全性。

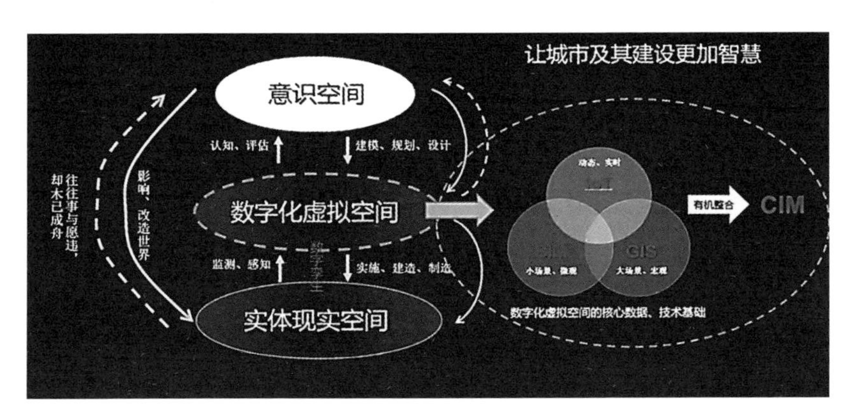


图 6–2　CIM 概念模型

（资料来源：https：//www.sohu.com/a/330615250_609577）

## 全域全时提高城市韧性

CIM 平台构筑城市“全周期管理”能力，提高城市韧性。CIM 平台遵循城市空间生长周期的客观规律，以数字技术赋能增效空间管理，监测与展示空间成长建设的全过程。根据现实城市成长的“现状评估—总体规划—控详规划—方案设计—施工监管—竣工验收”6 个阶段，实现城市全生命周期信息化和城市审批管理全流程数字化，推动数字城市数据汇聚，记录过去、现在与未来。以空间为坐标的方法创新，汇集地上地下空间数据和动态信息，建立空间编码体系，促进数字城市全时空要素管理。以空间为城市数据交换、共享和融合的基本 ID（身份信息），构建统一空间编码作为空间唯一身份证，以映射城市每一立方米数字空间和实体空间的对应关系，覆盖“城市—组团—社区—邻里—街坊—地块—建筑—构件”不同空间粒度，以“位置—单元—属性”将不同层次、不同维度、不同粒度的数据进行融合后协调处理，从时空维度对城市进行全方位、全生命周期的数字化描述，支撑城市精细化管理需求，通过人工智能技术，让数据发挥价值，让城市更加智慧。

### 空间计算精准映射

CIM 平台构筑空间计算能力，提高城市精准化、精细化治理水平。城市的所有固定部件和流动物体之间都存在位置关系，CIM 平台具有精确的位置信息及空间细节，可以快速计算相对位置。例如，城市规划可以根据空间约束条件，在 CIM 平台上快速实现积木式规划，实现“一张图”规划；城市地下管网故障报警时，CIM 平台可快速定位，快速处置，控制灾害蔓延。CIM 平台协同规划市政、建筑、道桥、园林、地质等多领域，全面梳理行业知识图谱、技术应用、发展趋势等内容，以数字化技术为桥梁，整合地质勘测、自然地理、市政交通、城市规划、建筑设计、施工建造、运营管理等数据和信息，理顺从现状走向未来城市的全产业链条，建构全局敏捷联动和反馈的新机制，创新一体化迭代管理和产业体系。

### 仿真推演实现主动决策

CIM 平台构筑未来预知能力，提高城市应对与决策能力。CIM 平台可以基于历史数据，通过深度学习等算法，推演城市未来发展态势并可视化呈现，增强对未来发展的判断力，如城市交通发展态势、人群集聚情况、环境污染情况、疫情接触情况在空间的推演等。

### 6.2.3 DSM视角

#### 全量数据分析

通过建立城市数字空间模型，汇聚更多规划相关数据，如静态信息有人口分布密度、绿地面积布局、地理空间位置、房屋布局、道路分布、停车位等；动态信息有交通流量、实时环境检测、空气流动、温度变化、人们的社交活动等。基于全量数据构建各类模型，如城市风貌模型、控规模型、参数化模型等，实现用地统计、管线统计、面积汇总、拆迁分析等功能，采用GIS方式进行展示，如温度变化、水势变化、空气动力变化、雾霾分布情况等，为规划提供决策依据。对城市规划规模、能源系统、通信系统、医疗资源、教育资源、防灾能力、绿地景观、供水及污水处理、文化健身场地建设等方面提供专题分析，支持进行多方案评价对比。建立城市规划评价指标，包括用地、绿化、人口分布、空间结构等，支持指标计算与综合评价，以及多方案评价对比。

#### 城市体检

利用城市信息模型属性信息机器可识别、可分析的特性，对城市运行数据进行可视化分析，从城市环境监测反馈、城市建设监测反馈和城市运营监测反馈3个层面进行城市体检，在数字空间分别展示城市生态环境动态（水、大气等）、城市建设管理情况（土地利用、违建执法等）和城市运营（人口、交通、产业等）情况，并分析梳理相关问题，归纳总结规划意图实现程度和缺陷。

通过城市体检对照规划目标和规划实施情况，进行规划设定指标的评价、规划实施质量的评价和规划预期的合理性评价，并提出修正目标，如改进规划设计方案及调整建设时序。

#### 目视管理

整合所有基础空间数据（城市现状三维实景、地形地貌、地质等）、现状数据（人口、土地、房屋、交通、产业等）、规划成果（总规、控规、专项、城市设计等）、地下空间数据（地下空间、管廊等）等城市规划相关信息资源，形成内容完善、结构合理、规范高效的现状、规划数据统一服务体系，在数字孪生空间实现合并叠加，解决潜在冲突差异，统一空间边界控制，形成规划管控的“一张蓝图”，以此为基础进行规划评估、多方协同、动态优化与实施监督。在充分保证“一张蓝图”实时性和有效性的前提下，通过对各种规划方案及结果进行模拟仿真及可视化展示，实现方案的优化和比选。

## 6.3 人际行为极的规划与建设

### 数字人居环境

在虚拟的环境三维空间中，可以实时切换不同的方案，在同一个观察点或同一个观察序列中感受不同的景观外观，这样有助于比较不同设计方案的特点与不足，以便进一步进行决策。事实上，利用虚拟现实技术不但能够对不同方案进行比较，还能轻松地对城市规划方案进行更多的公开评估，以便设计人员发现工程设计中的不足之处，并依据总结的信息和地理特征规划方案，提出实现城市长期发展的规划建议，确保城市规划完成后不会出现不合理的现象，减少城市规划中的重复建设，为城市规划提供更多规范和科学的基本建设基础，以加快城市规划和建设的步伐。例如，深圳市红桂路至晒布路拓宽改造工程中，通过使用三维仿真软件 UC-win/Road 将道路修建后的环境虚拟出来，可以让相关人员更加轻松地看出容易被思维想象所忽略的细节问题，从而进行修改完善。既减少了拆迁，改善了交通问题，又为城市增加了一道靓丽的风景线。

### 景观信息模型

景观信息模型（Landscape Information Models，LIMs）是携带信息的景观模型，可以支持多个软件平台，在风景园林设计过程中共同参与、共享设计。LIM 的核心为景观建模，建模分为两个部分：一是对于设计项目周边环境的还原；

二是针对设计区域的景观建模。设计项目地环境的再现属于前者，通常采用现状照片、卫星地图及场地地形数据来完成，包括现状地形的起伏高差、水系走向、植被分布、道路、场地原有建筑坐落等要素的数字化表达。通过对景观信息模型中的环境模拟来完成对设计项目的环境再现。设计成果的可视化表现为景观建模的第二部分，通过对设计涉及区域的模型构建，将设计从二维转换为三维，之后通过如模型纹理材质的赋予、效果图的渲染、场景动画视频制作和虚拟现实的漫游等形式来完成设计成果的可视化表现。通常风景园林设计中要考虑到时间对于场地的影响，所以在景观信息模型的搭建过程中需要进行设计环境的过程模拟来对未来场地进行预测，如对环境对土壤的侵蚀、洪水模拟过程、植被演替过程或城市热岛效应的定量模拟等。通过改变设计参数，可以改变设计结果，利用不同的模拟结果来更好地预测设计区域，从而更好地进行区域的设计指导。

### 声音与景观可视化的感知交互

迄今为止，3D 可视化的准备和演示主要集中于景观的视觉方面，部分基于人类视觉系统。然而，用纯粹的视觉方法来体验景观会遭到批评。例如，已经证明了个人对景观的感知是通过多感官实现的，视觉以外的感觉会严重影响我们对环境的感知及与环境的互动。景观感知研究表明，音频和视觉刺激的交互作用对视觉和视听对真实和摄影环境的响应都具有很大影响。听觉和视觉刺激的相互作用对模拟环境的真实感和偏好等级具有显著的影响。虽然声音是在可视化效果的一般位置记录的，但大多数参与者并不熟悉该站点，因此将对这些组合做出响应，而无须将其连接到特定的真实世界位置及他们希望在那里体验的内容。应进一步评估对多传感器计算机模拟环境和现实世界的现场体验的感知响应之间的差异，评估视听模拟的交流效果。对于景观设计师和规划师而言，这标志着考虑整体环境体验的重要性，而不是仅考虑视觉感受。将声音与可视化一起使用时，不同的观点可能会改变所表示的景观元素，从而可能以意想不到的方式改变感知响应。

### 以人为本的智能微观世界交互

以电子和网络为基础的交流方式减少了语言在广泛的公民活动中的作用，然而与此同时，影响许多商业和文化领域的技术进步也增加了面对面接触的必要性和愿望。奇怪的是，我们将大部分时间都花在虚拟领域，已经增强了本地规模的物理世界交互的重要性。感知的或人口加权的密度指标可以提供强大的视角来查看微观城市地区的居住地。基于人群密度的度量可以在多个缩放级别进行计算，可以描述在整个城市景观中提供服务层次结构的难易程度。以人为本的密度度量可以将阈值的中心概念，以及商品和服务的内部和外部范围与距离阈值相匹配，而距离阈值对于不断发展的虚拟／物理世界的居民而言，其对幸福感和生活质量的影响越来越重要。以人为本的密度视角提供了一个有趣的概念框架，用于思考个人如何体验并与周围的都市空间互动。此外，可以部署以人为本的密度度量标准，以帮助规划和建设更好的城市环境，包括为制订土地使用计划及为土地开发项目的设计、审查和审批流程提供有用的输入。

### 居民行为影响建筑设计

由于我国机场建设主要由政府出资，为了避免建设不久的航站楼就需要扩建的尴尬场面，现在各地方在修建大型枢纽机场时都会一次性建大一点，因此形成我国大型枢纽航站楼以集中式航站楼构型为主的局面。集中式航站楼有很多优点，如调配灵活，应对远期发展有空间余量，但是会带来旅客步行距离过远等问题。在最近的设计竞赛中，往往机场运营方又会追求高近机位率，导致空侧岸线长度变长，进一步加大了楼内旅客步行距离。国内好几座大型航站楼都因为过长的旅客步行距离（近 1 km）引来旅客诟病。因此，怎样做到既有高近机位率，又能很好地进行楼内调配，并能兼顾较舒适的旅客步行距离是设计中很重要的思考点。成都天府机场一期选择两个单元式航站楼的构型，就是希望可以探讨出能兼顾多方效益的设计思路。此外，多个航站楼之间需要捷运系统进行联系，捷运系统的建设会变得不可或缺。那么，通过楼内捷运来减少旅客步行距离也应该是一个值得关注的设计点，楼内捷运的使用将很好地对国内大型集中式航站楼进行补充，从而形成航站楼内高效的旅客流程。

## 6.4 逻辑区域极的规划与建设

### 6.4.1 城市交通系统仿真

#### 高精度实景重现

完整的工具链仿真系统能够实现道路、地形、交通标志、光线、天气等的高精度仿真。利用高度逼真、场景丰富的仿真平台，基于真实道路数据、智能模型数据和案例场景数据对自动驾驶车辆进行测试和训练，能够提升智能驾驶的决策执行力和安全稳定性，加速无人驾驶更加安全地落地推广和普及。

51VR 发挥自身仿真技术优势，开发了端到端的完整工具链仿真系统，搭建了超仿真、大场景、可视化的自动驾驶仿真平台。在静态仿真方面，通过高精地图测绘数据，高度自动化“复制”现实世界。同时，针对目前行业仿真软件的功能不足，在已有 51Sim-One 系统中重构上海市嘉定区汽车城的城区道路，并且增加了光线和天气变化功能，达到重现真实路况的效果。在动态仿真方面，通过 AI 驾驶员模型、交通流模型、实际驾驶员案例库、交通案例还原、手动设置交通状况 5 种渠道“生产”虚拟交通中的动态互动关系，保证测试场景的丰富度与多样性。公司通过打造自动驾驶仿真平台，开展全场景模拟验证工作，探索自动驾驶的深度验证与检测，加速自动驾驶更安全地走进人们的生活，助力国内汽车产业建立仿真测试标准。

#### 城市轨道交通全自动运行仿真

近年来，城市轨道交通进入了快速发展时期，互联互通、车车通信、全自动运行系统（Fully Automatic Operation，FAO）等技术成为下一代轨道交通研究热点。轨道交通全自动运行是基于现代计算机、通信、控制和系统集成等技术实现列车运行全过程自动化的新一代轨道交通控制系统，是进一步提升现有基于通信的列车运行控制系统（Communication-based Train Control，CBTC）的安全性和效率的国际公认发展方向。FAO 系统已经在巴黎、迪拜、香港等国内外多个城市有成熟的应用，国内燕房线的成功应用标志着国内厂商掌握了此项技术并得以推广。该系统本质上是对城市轨道运行场景的仿真过程。应设计适用于我国城轨特点的 FAO 系统运营场景，采用基于时间自动机理论的模型检测形式化工具 UPPAAL 构建运营场景的时间自动机网络模型，通过模型的实时仿真、反例分析和形式化验证，分析场景的功能要求、性能要求和安全属性要求。

### 平行系统仿真

2002 年 8 月，Richard Fujimoto 等提出了一种共生仿真技术，将仿真和实际系统相结合，仿真系统既可动态地从实际系统接收数据并做出响应，仿真结果也可动态地反馈至实际系统，两者间构成一个相互协同共生的动态反馈控制机制。目前，许多国家都积极开展共生仿真技术应用研究，美军对于平行仿真在指挥决策领域最典型的应用是“深绿”系统，利用仿真技术对真实系统进行分析预测，以提高指挥员临机决策的速度和质量。平行系统由真实系统和虚拟人工系统组成，通过真实系统与人工系统相互连接及对两者行为活动的对比分析，实现对未来情况的预测分析，并在系统运行中随时调整各自的管理控制机制。基于平行仿真的城市交通运输决策支持平台旨在构建与城市交通运输保障系统中平行运行的仿真系统，通过与实际系统的互连和信息交互，持续从城市交通运输保障系统中获取最新的运输情况，建立实体仿真模型，并通过模型的超实时仿真运行进行运输情况分析和方案优化，并将仿真结果反馈至城市交通运输保障系统，循环生成保障方案，推演评估方案预期效果，辅助指挥员分析预测与决策评估。平行仿真系统是基于平行仿真的城市交通运输保障决策支持平台的核心，接收城市交通运输保障系统传送的运输情况，据此动态构建实体仿真模型，建立与时间相关的实体仿真模型，并基于该模型预测下一时刻的状态信息。该系统根据动态运输情况不断修正实体仿真模型，使其逼近真实环境，从而为决策提供依据，主要由实体仿真模型、运输情况分析预测、超实时仿真推演和方案优化调整 4 个部分组成。

### 6.4.2 城市调度系统仿真

#### 疏散模拟模型

疏散模拟是一个基于模拟人群动态和个人行动，用于测定区域、建筑或船的疏散时间的方法，也可以用于在特定的建筑中预测疏散行动，因此逐渐成为一种建筑疏散分析的重要工具。运用疏散模拟，很容易输入数据和估计时间，是一种很好地了解疏散过程和进行建筑安全评估的方法。在疏散整个管区的情况下，构建以疏散人员为主体的应急疏散模型，模拟仿真灾变时疏散人员的微观行为及宏观表现，研究火灾对疏散状况的影响，有助于从多个角度分析应急疏散的效果，便于应急预案的制定及紧急状况下的指挥决策。火灾阶段通常使用 ABM 模型。根据 ABM 系统典型结构，感知器和执行器的特性共同决定了单个 Agent 的属性。目前，在实际的应急疏散过程中，由于各类应急通信设备、报警传感器的广泛使用及避灾路线的标识，可以假设 Agent 在感知方面无显著差异。个体可分为 3 类：离开者、跟随者、消防员。Agent 个体之间的差异主要体现在执行层面，可以用人员的平均逃生速度来表征 Agent 的特性。火灾疏散过程中，Agent 的行为规则可以描述为按照避灾路线逃生，如果逃生时间大于自救器支持时间或者避灾路线受阻则进入避难室避难。

#### 供水调度决策模型

供水系统是城市基础设施的重要组成部分，在保障城市发展过程中发挥着重要作用，关系到社会经济稳定发展和人民生活安定。随着市场经济的发展，人们对供水的可靠性、安全性、经济性和运行管理提出了更高的需求。供水企业需要通过供水科学调度系统，逐步提高供水管理水平和服务水平。供水系统调度决策实际上就是整个供水管网、供水泵站的整体优化调度，是针对已建成的供水系统，从节省供水费用角度出发，以保证安全供水为前提，通过合理调度供水设施，如水泵、闸阀等，即确定各供水泵站开启恒速泵的型号、台数及调速泵的转速，在满足管网中用户对用水量和压力要求的情况下，使总的供水费用最小。同时，在进行优化决策时，将多智能体和遗传算法相结合，利用多智能体之间的竞争和自学习功能以寻求更好的优化结果。

## 6.5　空—天—地物理极的规划与建设

### 6.5.1　国土空间规划

#### 三维城市模型

三维城市模型（3 Dimensional City Model，3DCM）是集成一维、二维和三维的可视化空间数据模型，支持多种类型、多种分辨率的海量空间数据库的一体化管理；支持多重细节层次概念 LOD，具有层次建模和实时模型简化能力；支持交互式三维动态可视化，甚至沉浸式的双目立体现实；支持三维空间分析与空间决策、时空模拟等；支持网络环境下的信息共享与地理协同。

利用数据模型的一些特点进行相应的加工处理，要实现数据库与模型库的对应关系，同时要实现对各种信息的查询、调用、分析和处理，就必须利用 GIS 及相关工具建立一个高效率的数据库，并使之具备对信息进行搜集、分析、处理和更新的功能，将数据库中的信息与实时场景中的模型进行绑定，从而达到对各种信息的即查即用，实现丰富的查询和分析、决策功能。

### 分区信息模型

分区信息（Zoning Information Models，ZIMs）系统数据量大、空间数据结构和类型复杂，如何进行系统设计和开发是系统的关键。可以用组件式 GIS 进行系统设计和开发，应用 SuperMap 组件，开发了土地潜力分区信息系统，采用地图视窗、文档视窗和网页视窗，分别对图形、图像和科研文档等多种信息进行管理、查询、显示和输出。利用 SQL Server 商用数据库统一管理各种数据，为有效掌握土地的潜力分区、提高土地整理项目的工程设计和管理水平提供信息支持。

### 地形模型

对大中型城市范围规模的虚拟景观模型而言，地形模型（Relief Model，RM）几乎不可能在一个单独数据库中全部表达出来，通常采用分块创建的方法，根据城市所在范围的数字高层模型、数字线划矢量数据、数字正射影像数据等城市空间基础信息数据，按照一定的标准对整个城市地形进行严格的分割，分别进行半自动生成并保存成独立的模型文件，系统运行过程中会根据当前的状态进行动态的模型调用和地形匹配，从而形成最优的地形模型数据。

### 数字地表模型

城市数字地表模型（Digital Surface Model，DSM）是反映城市三维景观的重要信息之一，通常由在地理离散点上以海拔总高度表示地形起伏，以及地面上地物形态的规则矩形面和不规则三角网来表示。数字地表模型的规则数据集便于数据处理，不规则数据集则在表示地形起伏和地物形态方面更加逼真。与数字高程模型相比，城市数字表面模型包含了地表建筑物、桥梁和树木等的高度信息，进一步涵盖了除地面以外的地表信息高程，是地表信息三维模型的展示，而数字高程模型则侧重于对地形、地貌的表达，没有考虑地表人工地物的高程信息，不能有效反映城市发展变化。数字地表模型所含的高度信息不但包含数字高程模型的高程数据，还包含地物相对地面的垂直高度，如建筑物、森林等的高度。数字地表模型与数字高程模型中的高度差是地物的高度。因此，数字地表模型可定义为某区域的三维向量的有限序列。

## 城市扩张模型

用系统论的观点，从城市发展的空间形态出发，用 GIS 的空间模型研究方法去反推它可能隐含的信息与空间行为规律——也就是从时间内涵和空间内涵出发——去研究城市的空间行为，可以摸索出城市发展的一般规律。对城市扩展的研究主要始于对城市蔓延现象的关注，学者以整个城市的扩张作为研究对象，结合人口、经济等数据对城市蔓延现象进行了单一因素的描述，存在一定的局限性。随着学科的融合发展，分形理论和计算机模拟技术等开始运用于城市形态和城市增长的扩展研究，同心圆模型、扇形模型等开始得到关注。为妥善解决城市蔓延所引发的后果，城市精明增长理论逐渐流行，到 21 世纪，该理论已形成一套完整的体系。同时，3S 技术的普及与发展，使得大量土地利用类型、城市空间实体及各类用地变化信息能够被采集，用于分析城市扩展的格局、方向变化、空间扩展类型等。将城市扩张监测与规划实施评估相结合，选择土地利用总体规划中的城市中心城区作为研究对象，利用土地利用总体规划数据库及变更调查数据，借助 GIS 的空间分析功能，对城市中心城区内建设用地扩展变化情况进行分析，有利于决策者对城市规划进行决策。GIS 在城市土地利用扩展及演变方面的应用主要是城市土地利用扩展状况、时空演变特征及驱动因素分析。扩展状况主要基于 GIS 技术，通过提取功能或利用相关模型分析城市土地利用扩展状况；时空演变特征及驱动因素分析主要利用 GIS 空间分析功能，分析城市土地利用时空演变特征及其驱动因素。

### 6.5.2 环境仿真分析

#### 暴雨洪水管理模型

暴雨洪水管理模型主要有溃口式、河网漫顶式及强降水洪水淹没式3类。降雨式洪水淹没模型针对的是某个区域的洪涝演进过程，首先，获取该区域面雨量数据，得到格栅增加水量；其次，运用曼宁公式计算流向其他格栅的水量；最后，依次迭代，计算一定时间后地面形成的积水信息，并通过阈值设定分析最终淹没范围。上述淹没模型是基于GIS格栅数据的二维水动力学暴雨洪涝过程模型，它利用圣维南方程组的扩散波近似值表示洪水过程。坡面和河道的洪水过程在模型中的表达有所不同，当河道里的水深超过河道本身的深度时，运用一维通道流模型计算河道表面水流的高程，而用二维模型模拟坡面流。洪水过程可用圣维南方程组近似模拟。

#### 城市内涝分析

根据不同城市的城市内涝的特点，在不改变当前城市排水系统的情况下，建立城市易涝区域包括水位、视频、管网液位、流量、压力等指标的基于物联网技术的基础监测网；建立城市地表产汇流模型、排水管网模型，对溢流和内涝过程规律进行系统分析和业务管理。一方面，建立量化、直观的内涝监测及发布平台；另一方面，对溢流和内涝进行短期预测预警，并制定科学的应急措施，提高城市内涝防汛抢险等危机事件的管理效率，尽可能降低灾害的损失。

暴雨洪水管理模型（Storm Water Management Model，SWMM）是一个动态的降水—径流模拟模型，主要用于模拟城市某一单一降水事件或长期的水量和水质模拟。考虑到其径流模块部分综合处理各子流域所发生的降水、径流和污染负荷，其汇流模块部分则通过管网、渠道、蓄水和处理设施、水泵、调节闸等进行水量传输。而且，该模型可以跟踪模拟不同时间步长任意时刻每个子流域所产生径流的水质和水量，以及每个管道和河道中水的流量、水深及水质等情况。SWMM 自开发以来，经历过多次升级，在世界范围内广泛应用于城市地区的暴雨洪水、合流式下水道、排污管道，以及其他排水系统的规划、分析和设计，在其他非城市区域也有广泛的应用。因此，可以采用 SWMM 模型与 GIS 平台结合开发的方式，将管网基础数据和模型算法有机结合起来，建立二者之间的数据联系，相互读取数据。模型读取管网和地形数据用以进行内涝分析，将得到的结果反馈至 GIS，并借助 GIS 平台展示出来。

### 污染扩散模拟模型

环境模拟将多种环境过程和现象的信息转变成可以计算的形式，以多种概念、数量的模型加以描述，并将计算结果以某种形式显示输出。例如，空气污染扩散模拟（Air Pollution Dispel Modeling，APDM）就是用于空气质量分析的一种环境模拟。现代的空气质量分析不仅利用了功能不断强大和完善的计算机技术，而且获得了 GIS 的支持，使污染物在“空间 + 时间”上的四维时空中扩散规律的研究取得了令人瞩目的成果。通常，GIS 与扩散模型分属于两个系统，但拥有共同的用户界面，用户界面主要用来管理两个系统的公共数据和进行文件交换。可以借助 GIS 的开发语言，实现与由高级语言开发的环境模型的紧密结合。这种结合降低了两个独立系统间文件交换的烦琐程度和出错率。第一，利用事故发生后的环境监测参数，计算不同坐标位置的污染物质量浓度；第二，根据扩散模型的计算结果，在地图上利用 GIS 技术生成离散点分布图，污染物质量浓度将作为离散点的属性进行显示；第三，对离散点进行网格化，生成不规则三角网，绘制等值线，在每个三角形表面进行拟合运算得到平滑三角网，三角网的面积可以近似为污染物扩散的面积；第四，在不同层面上，将环境扩散模拟结果和人口信息、危险源信息、周边单位信息、医院信息、道路信息等叠加在同一空间平面上，利用 GIS 的空间分析和拓扑分析技术，计算和提取与应急监测、现场救护和灾后评估等相关的技术指标，如污染影响区域面积大小、污染发生地的周边人口分布情况和需要撤离的单位信息，计算最佳的救援路线和撤离路线等；第五，对污染物质量浓度值进行插值运算，并用不同的灰度梯度表示污染物质量浓度值的变化梯度，生成污染扩散模型可视化渲染图（图 6–3）。

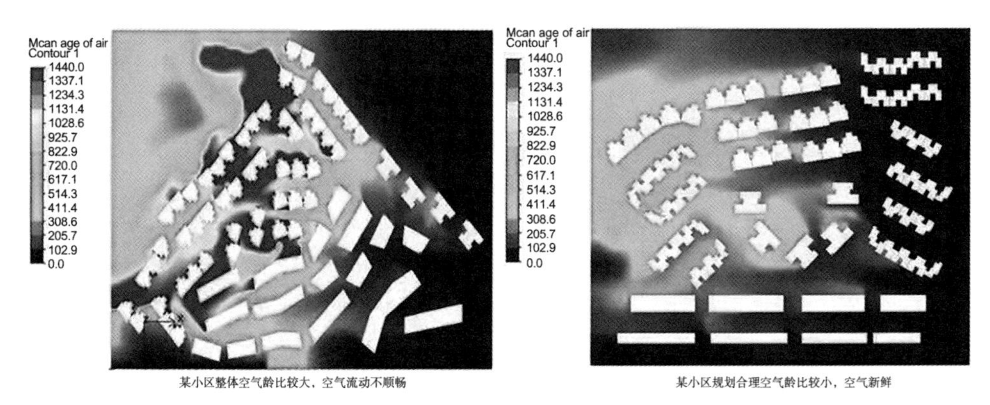


**图 6–3　空气污染扩散模拟**

（资料来源：https：//www.sohu.com/a/155037382_714150）

## 城市热岛效应反演

城市热岛效应是城市气候中典型的特征之一，是指城市气温比郊区气温高的现象（图 6–4）。城市热岛的形成原因，一方面是在现代化大城市中人们的日常生活所发出的热量；另一方面是城市中建筑群密集，沥青和水泥路面比郊区的土壤、植被具有更小的比热容（可吸收更多的热量），并且反射率小，吸收率大，使得城市白天吸收储存太阳能比郊区多，夜晚城市降温缓慢，所以仍比郊区气温高。城市热岛是以市中心为热岛中心，有一股较强的暖气流在此上升，而郊外上空为相对冷的空气下沉，这样便形成了城郊环流，空气中的各种污染物在这种局地环流的作用下，聚集在城市上空，如果没有很强的冷空气，城市空气污染将加重，人类生存的环境被破坏，导致人类产生各种疾病，甚至造成死亡。因此，对城市热岛效应相关数据进行实时监控，并且监测其反演及变化规律，对城市的建设发展具有深远的意义。可以应用遥感技术建立监测城市热岛效应的反演及变化规律仿真平台，通过对城市内的相关数据实时采集，提高仿真精度，并通过进一步反演得到地表温度，计算得到地表热岛强度和热岛比例指数，对城市热岛状况进行评估。

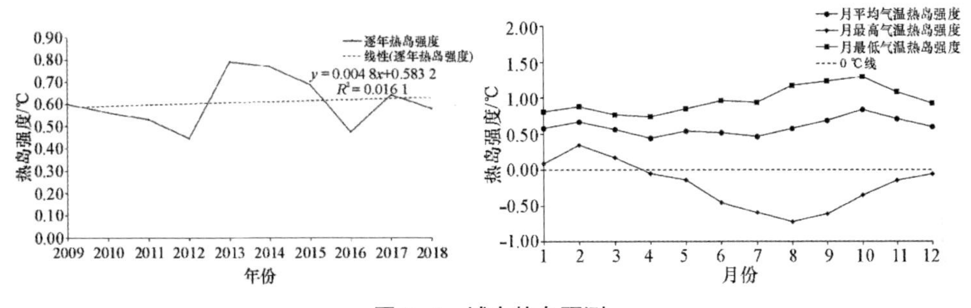


**图 6-4　城市热岛预测**

[资料来源：黄焕春，陈逸伦，周婕，等．基于灰色系统的特大城市热岛强度的预测分析——以天津市夏季热岛为例 [J] ．干旱区资源与环境，2019，33（6）：126-133.]

## 水资源状态弹性感知

海绵城市是新一代城市雨洪管理概念，是指城市在适应环境变化和应对雨水带来的自然灾害等方面具有良好的“弹性”，也可称为“水弹性城市”（图6-5）。海绵城市在下雨时吸水、蓄水、渗水、净水，需要时将蓄存的水“释放”并加以利用。简而言之，海绵城市是具有吸水、蓄水、净水和释水功能的海绵体，能够提高城市防洪排涝减灾能力。智慧海绵城市建设能够结合物联网、云计算、大数据等信息技术手段，实现智慧排水和雨水收集，对管网堵塞采用在线监测并实时反应；对城市地表水污染总体情况进行实时监测；通过暴雨预警与水系统智慧反应，及时了解分路段积水情况，实现对地表径流量的实时监测，并快速做出反应；通过集中和分散相结合的智慧水污染控制与治理，实现雨水及再生水的循环利用等。

**图 6-5　海绵城市示意**

（资料来源：https://kuaibao.qq.com/s/20191227A0N6QG00）

应围绕企业、市民、行业管理部门三方的城市雨水资源业务需求，实现城市雨水资源建设一体化管理、城市雨水资源状态感知、行业运营监管与决策、雨水资源公众信息服务四大业务平台。面向海绵城市建设期，提供项目建设一体化管理平台，该平台基于地理信息系统（GIS），结合三维建模，将城市空间三维与雨水资源系统紧密融合，实现基于地上三维构造物和地下管线、设施的一体化展现，并实现具体的建设项目管理。城市雨水资源状态智能感知主要包括企业运营信息管理、设备运行动态监控、资源信息动态采集等；城市行业运营监管与决策平台重点为行业管理部门提供行业监管与决策服务，主要包括基础业务管理、综合运行监测、安全应急管理、服务质量考核与发展水平评价、统计决策分析等功能；雨水资源公众信息服务平台主要通过网站、电子信息服务屏、移动终端、服务热线等多种方式，为不同体验交互阶段的市民提供动态、多样化的雨水资源体验交互信息服务，并畅通市民对城市雨水资源发展的咨询、建议、服务评价与投诉等渠道。

## 参考文献

[1] 中国电子信息产业发展研究院．中国“新基建”发展研究报告[R].2020.

[2] 3GPP. 3GPP TS 23.501：System architecture for the 5G system release 15 V2.0.1[S]. 2017.

[3] 高志鹏，尧聪聪，肖楷乐．移动边缘计算：架构、应用和挑战[J]. 中兴通讯技术，2019，25（3）：23-30.

[4] 赛迪顾问物联网产业研究中心，新浪5G．“新基建”之中国卫星互联网产业发展研究白皮书[R].2020.

[5] 张云勇．5G将全面使能工业互联网[J]. 电信科学，2019，35（1）：1-8.

[6] 刘琪，洪高风，邱佳慧，等．基于5G的车联网体系架构及其应用研究[J]. 移动通信，2019，43（11）：57-64.

[7] 王晓飞．智慧边缘计算：万物互联到万物赋能的桥梁[J/OL]. 人民论坛·学术前沿：1-13[2020-07-14].https：//doi.org/10.16619/j.cnki.rmltxsqy.2020.09.001.

[8] 腾讯研究院．腾讯人工智能白皮书：泛在智能[R].2020.

[9] 高文，田永鸿，王坚．数字视网膜：智慧城市系统演进的关键环节[J]. 中国科学：信息科学，2018，48（8）：1076-1082.

[10] 陈宝芬，张耀民，江东．基于CA-ABM模型的福州城市用地扩张研究[J]. 地理科学进展，2017，36（5）：626-634.

第7章

# 区域数据治理：产城发展的融合与协调

数据治理跨时空的应用属性让城市发展已经不再是某一个城市自身的事，推进与其他城市合作共进才是个体城市最高效的发展形式。将传统资源融入数据资源进行分析重组，创造新的跨区域联动发展模式，才能更好地推动本地区乃至整个区域经济的快速协调发展。因此，本章用数据治理的方式来协调区域发展。首先，关注从局部到整体的发展模式来把握区域发展的总体方向；其次，通过探讨区域发展的网络协同形态来解释区域发展的新变化；再次，凭借产业边界的模糊融合展示区域协同的发展动力，然后以数据化的区域资源整合模式描述区域协调发展的新情况；最后，湾区的数字发展现状可以为区域的数据治理提供实践支撑和未来启示。

## 7.1　区域产城一体化

### 产城融合

产城融合的实质是居住与就业的融合，是城镇社区与产业园区的融合，是以人本为导向，通过多元要素的均衡协调发展，实现“生产空间集约高效、生活空间宜居适度、生态空间山清水秀”的发展目标的一种科学发展状态。推进产城融合要求城市发展以产业为（经济）基础，产业发展以城市为（空间）载体，城市化与产业化要有相对应的匹配度。从融合内容上来说，产城融合是产、城、人、地、业、居六大要素在空间上的有机结合，其中人是核心，地是载体，“业”和“居”是支撑，“产”是关键，“城”是基础。产因城兴，城因产立，人因产而业、因城而居；反之亦然，人因业而立、因居而乐，业聚为产，人聚为城。业和居是产和城的微观基础，业与居的协调要求产与城的融合。

产城融合的相互作用要求实现以产促城、以城兴产、产城一体的发展模式，形成以生态环境为依托、以现代产业体系为驱动、生产性和生活性服务融合、多元功能复合共生的新型城区。以产促城要求以新型工业化促进城区发展，在为片区提供强有力经济支撑的同时，实现人口的转移和居民的空间集聚；以城兴产是以新城复合多元化发展带动产业整体提升，通过城区生活、生产等配套设施的复合化、多元化、规模化集聚与发展带动，形成配套齐全、功能完善的产业园区配套支撑，为企业生产、员工生活等提供强有力的支持和发展空间，从而促进整个城市内的产业发展；产城一体实现了空间统筹、交通统筹、设施统筹、生态统筹，使城市发展成果惠及广大城市居民，实现共享发展。

产城融合的数据治理更多体现在网络化、服务化、协同化、智能化 4 个方面。网络化实现了线上线下的交融发展和互联网与各个领域的融合发展，促进了产业社会化分工与重组，催生了新的产业发展组织平台，打破了原有信息壁垒，降低了社会交易成本；服务化通过满足和激发人们新的消费需求，提升了产业与城市的集聚效应，加快产业运行效率，促进资本、人才、技术等要素的融合，推动制造业与服务业的融合发展；协同化通过充分利用信息技术，建立城市系统内的信息化管理系统，有效推进城市内部信息资源的融合共享，实现跨部门、跨区域的协同发展，推动了人城协同、城乡协同；智能化通过实施数字化管理，在城市调控、城市预测、城市治理、城市监管等方面提升了城市的精准化、一体化水平，为政府科学决策提供一定的指导。2009年阿姆斯特丹的智慧城市计划，通过泛在的物联网技术实现了整个城市的协调感知与网络化布局，凭借城市数据共享提升产业服务化和协同化能力，依靠不断优化的信息技术，在促进城市产业智能化发展的同时，进一步改良能源节约方式。

## 同城化

同城化是指地域相邻、经济和社会发展要素紧密联系的城市之间为打破传统的行政分割与保护主义的限制，通过资源共享、统筹协作来提高区域经济整体竞争力的一种新型城市发展战略。同城化凭借着构建区域统一市场、重新分配城市功能、建立跨界协调机制等手段，实现基础设施、空间、市场等的一体化，让居民弱化了属地意识，产生如同生活在同一个城市的感受，实现同质化的社会发展态势。那些实现同城化效果的城市往往空间距离较近，能以方便快捷的交通方式进行联系，区域间运输成本较低。同时，城市间存在紧密的经济社会联系，产业结构具有明显的互补性，在城市经济发展空间可达的范围内和合理的社会空间架构下，开展区域协调与合作，共同配置经济资源与社会资源。

同城化量化分析体系的指标主要包含职住通勤和公共服务中心吸引力强度两个方面。其中，职住通勤研究的对象包含市域、市区及其周边地区，用以判断地区间联系的紧密程度；公共服务中心吸引力强度用以判断市区公共设施的服务范围。数据治理下的同城化将城市系统与大数据应用相结合，从职住通勤、公共服务中心吸引力强度两个指标出发，收集城市空间联系强度、区域通勤关系和公共中心服务范围等时空数据，再依靠大数据分析同城化地区人口流动的时空特征，借此推进城际交通一体化建设、完善城际协商机制、促进政府政策及规划的落地执行，从而加强城市产业的互补合作等。

同城化城市间的关系存在两种基本类型：一是强强联合型，即实力相当的两个或多个较强城市间的同城化，如厦门—泉州。二是强弱联合型，或是一个实力强劲的中心城市和若干实力较弱的边缘城市之间的同城化，如国内的广州—

佛山、成都—德阳等，国外的柏林—勃兰登堡等；或是由两个或者多个实力较强的中心城市和若干实力较弱的边缘城市组成的同城化，如上海—苏州—嘉兴等。

## 城市群

城市群是在一定区域范围内的若干个不同规模等级和功能性质的城市，以一个或多个大城市作为核心，依托一定的自然地理条件，借助现代化的交通运输信息网络所形成的一个城市“集合体”。城市群的发展是一个寻求区域空间、经济、社会、文化、环境、信息、制度等多方面综合平衡的过程。城市群的演化可划分为孤立分散发展、城市体系形成、城市群雏形与城市群成熟4个阶段，其中，城市群成熟阶段的重要标志是城市之间实现分工合作、协同发展，达到“1+1>2”的效果。

城市群在经济上紧密联系，在功能上分工合作，在交通上联合一体，并通过城市规划、基础设施和社会设施建设共同构成具有鲜明地域特色的社会生活空间网络。城市群主要有以下特征：第一，城市群是多个城市的空间组合。两个或多个城市体系之间，由于引力加强，会出现互为郊区的局面。各个逐步扩张的大城市环日益接近，直到吞没中间城市连成一片，这就出现了城市连绵带或超大城市。第二，城市群具有网络空间特性。它是以点、线、面相结合，由多核心的城镇群向区域整体化发展，形成“高密集连绵网络状大都市地区”。第三，城市群具有生态特征。城市群是在特定空间或特定环境下由一定的人类聚居单元和其他生物种群所组成的生态空间，是一个相对完整的地域空间和生态学功能单位，也被称为城镇群落（Town Community）。

城市群的数据治理主要体现在以下5个方面：第一，空间界定与发展监测。基于地图、遥感数据与社会经济统计数据的综合分析，可以为区域规划提供依据。第二，城市群交通网络监测。对网络交通大数据进行分析，使其成为监测城市及城际间交通网络特征和交通运行状况的重要依据。第三，关联性分析与功能布局评价。利用手机信令数据、居民迁徙数据、社交媒体签到数据、网络指数，以及位置信息数据、兴趣点（Point of Interest，POI）数据、物流网站信息、企业注册信息等分析城市群内部居民的活跃度、内在联系强度，进而帮助定位城市群空间格局和功能布局。第四，产业协同分析。利用POI数据、企业网站数据、台站观测数据等反映企业分布现状、企业联系网络、生态环境现状的数据对城市群内部的产业转移选址、产业协同发展规划等提供科学决策。第五，生态环境监测与评估。通过高分辨率卫星遥感影像、多平台雷达数据、传感网等数据源，可以实现大气环境监测、城市热岛效应分析、水污染监测、地表植被变化等的检测与评估。

### 国家区域发展战略

总体来看，国家区域发展战略的实施是以"一带一路"倡议、京津冀协同发展、长江经济带发展、粤港澳大湾区建设等重大战略为引领，以西部、东北、中部、东部四大板块为基础，促进区域间相互融通补充。以"一带一路"建设助推沿海、内陆、沿边地区协同开放，以国际经济合作走廊为主骨架加强重大基础设施互联互通，构建统筹国内国际、协调国内东中西和南北方的区域发展新格局。

重点工作是疏解北京的非首都功能，推动河北雄安新区和北京城市副中心建设，探索超大城市、特大城市等人口经济密集地区有序疏解功能、有效治理"大城市病"的优化开发模式，帮助调整区域经济结构和空间结构，促进京津冀协同发展。同时，充分发挥长江经济带横跨东中西三大板块的区位优势，以共抓大保护、不搞大开发为导向，以生态优先、绿色发展为引领，依托长江黄金水道，推动长江上中下游地区协调发展和沿江地区高质量发展。

另外，建立以中心城市引领城市群发展、城市群带动区域发展新模式，推动区域板块之间融合互动发展。以北京、天津为中心引领京津冀城市群发展，带动环渤海地区协同发展。以上海为中心引领长三角城市群发展，带动长江经济带发展。以香港、澳门、广州、深圳为中心引领粤港澳大湾区建设，带动珠江—西江经济带创新绿色发展。以重庆、成都、武汉、郑州、西安等为中心，引领成渝、长江中游、中原、关中平原等城市群发展，带动相关板块融合发展。加强“一带一路”倡议、京津冀协同发展、长江经济带发展、粤港澳大湾区建设等重大战略的协调对接，推动各区域合作联动。推进海南全面深化改革开放，着力推动自由贸易试验区建设，探索建设中国特色自由贸易港。

# 7.2　网络协同

## 7.2.1　网络化结构

### 网络结构

计算机网络的拓扑结构是指网络中包括计算机在内的各种网络设备（如路由器、交换机等）通过实现网络互连所展现出的抽象连接方式，是一种把网络电缆等各种传输媒体进行物理连接的布局特征。它通过借用几何学中的点与线这两种最基本的图形元素描述，抽象地讨论网络系统中各个端点相互连接的方法、形式与几何形状，从而表现出网络服务器、工作站和网络设备相互之间的配置与连接形态。它的结构主要有总线形结构、星形结构、环形结构、树形结构、网状结构。

总线型计算机网络拓扑结构主要是通过一条高速主干电缆对周围节点进行连接，整体性能较为显著；星型计算机网络拓扑结构主要是通过中央节点对周围的节点进行控制与信息传输，能有效提高网络管理效果；环型计算机网络拓扑结构可以对节点首尾的信息进行循环，形成闭合的环型线路，提高单项传输的完整性；树型计算机网络拓扑结构可以保证两个节点之间的无回路传输，保证网络拓扑结构扩充的方便性；网状型计算机网络拓扑结构将节点之间的线路进行网状连接，使得节点间的连接具有任意性和无序性，有效提高了线路间信息传递的可靠性。

## 智慧协同网络

智慧协同网络（Smart Collaboration NETwork，SCNET）是由“三层”（智慧服务层、资源适配层、网络组件层）和“两域”（实体域和行为域）总体系架构模型构成的资源动态适配协同网络，旨在实现网络可扩展性、移动性、安全性的基础上，大幅提高网络资源利用率、降低网络能耗、提升用户体验。智慧协同网络的“三层”“两域”体系通过动态感知网络状态和智能匹配服务需求，选择合理的网络族群及其内部组件来提供智慧化的服务，并通过引入行为匹配、行为聚类、网络复杂行为博弈决策等机制来实现资源的动态适配和协同调度。该体系三层结构之间的智慧映射实现了服务需求到族群的选择、族群内网络组件与服务需求的匹配、网络组件的行为聚类等功能。智慧协同工业无线互联网是智慧协同网络的应用，是对通信资源的精细划分和合理适配，满足了工业通信需求，推动了现场设备运行的博弈决策。

## 网络协同效应

网络协同效应是指通过编配网络节点的协作互动，进行优势资源共享及稀缺资源互补配置，进而实现资源利用“1+1>2”的功效。网络协同合作使各成员更易于使用优势信息、新知识和经验，从而降低成员风险，帮助其积累竞争优势，并通过整合内外部资源，产生总功效大于个体功效总和的效果。同时，协同是以系统总体发展为目标，让各子系统、各要素之间通过有效协作、科学协调，达到整体和谐的动态过程，是各个子系统、子要素之间从无序到有序、从低效到高效的运作发展过程。一般来说，系统的各要素、各子系统在运作过程中，由于协同行为会产生不同于各要素及各子系统的单独运行状态，所形成的系统整体效用就可以理解为协同效应。智慧物流网络就是通过网络内所有成员协调合作，由大量节点企业组成开放、复杂的系统，通过大数据与外界进行能量、信息和物质的交换，在宏观尺度上产生走向有序的空间、时间和功能的运作，实现了整体效用的物流网络协同效应。

### 产业的网络化变革

产业的网络化变革主要体现在3个方面：一是从宏观经济层面来看，网络是一种重要的生产工具和应用工具。其开放、协作、共享、连接等特征推动数据成为一种新的生产要素，蕴含着巨大的数字化新动能，可以有效促进传统生产要素的资源优化再配置，在驱动产业技术创新、拉动产业结构升级和促进形成新经济增长点方面发挥了巨大作用。二是从中观产业层面来看，网络技术兼具基础性和创新性。既能发挥融合平台效应推动高新技术产业发展，也能通过规模效应和竞争效应促进传统产业升级。互联网推动产业技术的扩散、应用和创新，增强产业技术效率，并以其强大的泛在连接能力促进跨行业跨领域的数据共享、信息交互和知识编码化。三是从微观企业层面来看，网络具有的连通性和共享性两个基本特征降低了企业信息搜集、内部协调和时间传递等交易成本，丰富和拓展了传统交易场所、交易时间、交易种类等；扩大了企业边界，增强了企业上下游产业链之间的信息分享意愿，推动业务流程和中间环节的优化和改善，提升企业生产效率、运行效率和创新效率。

## 7.2.2　协同效应

### 信息资源量

可交易的信息资源量是实现网络分工协同的基础。无论任何经济形态，市场交易的双方对于信息的需求一直都存在。但是，在信息技术和互联网出现之前，经济体系中的许多信息资源是隐性的，能够交易的信息资源量不大，并且线下模式的信息交易成本较高。因此，满足企业对于市场信息需求的功能隐含在企业内部，或者是通过传统的线下市场中介完成。但是，线下的信息中介能够满足交易双方信息需求的效率较低，而且主要是服务局部的区域性市场，交易的范围不大。随着信息技术和互联网的发展，居民的经济行为逐渐网络化，市场中的许多数据、信息可以捕捉、留存下来，逐步显性化。可交易的信息资源增加，以及较低的网络信息交易成本，使得互联信息服务作为独立的分工形式出现。它们广泛插入原有产业链的交易主体之间，以信息中介或双边市场平台的角色促进双方的交易，并获取整个产业链价值增值的一部分。互联网的参与，是一个消除中介和再中介的过程，消去了传统低效和局部的线下中介，形成了网络化、全域性的信息交换方式。

### 联合服务效率

联合服务效率决定了网络融入传统产业链的阈值。在可交易的信息资源量一定的条件下，联合服务效率越高，网络融入传统产业链的可能性越大。联合服务效率体现了互联网信息传递具有双边市场互动的本质属性，因为网络中的信息整合者作为信息中介连接交易双方，利用汇集的数据资源撮合交易。目前在产业链上，有3种信息协调方式可供选择：一是由交易主体自身进行信息沟通；二是由线下信息中介扮演沟通角色；三是由互联网信息服务企业承担信息中介功能。哪种方式的效率高、成本低，供应链上就会出现相应的模式。衡量信息服务的效率主要包括信息匹配的能力及匹配的范围两个维度，范围越大，匹配准确程度越高，信息服务效率越高。对于多对多的交易，如大量个体之间的交易（C2C）、大量中小企业和消费者的交易，由于交易双方信息量很多且分散，互联网信息服务企业在匹配大量交易方面显示出效率和成本的优势，它就会出现在产业链上；对于少对少的交易，如少量大企业之间的交易，由于交易双方信息不对称程度低，互联网信息服务企业在信息服务效率上的优势不明显，因此，它很难替代企业内部的信息功能。在实践中，很多电子商务的B2B模式，尤其是连接大企业之间的B2B模式发展得不好，就是因为互联网企业在信息服务效率上的优势没有体现出来，作为信息匹配中介的价值不大。

### 资源整合动力

网络具有利用掌控的信息资源纵向整合上游或下游业务的动力。信息服务是所有互联网企业的基本功能，但不是唯一的功能。为了寻求总体效用最大化，在权衡上游或下游业务的专业化水平、学习成本，以及整合上游或下游业务所获收益的基础上，互联网企业可凭借其信息资源的优势纵向整合产业链上的相关业务。相关业务的专业水平和学习成本越低，纵向整合的可能性越大。另外，由于信息服务的自身特点，交易之前很难对其进行有效的检验，因此，许多互联网形式的企业都无法直接通过向信息服务收费获得盈利，直接盈利的商业模式也会限制交易双方的规模。于是，交叉补贴的盈利模式被互联网企业广泛采纳，这就需要在掌控信息资源之后，在产业链上进行纵向一体化改造，构建一个能够实现交叉补贴的商业生态系统。纵向的整合使得互联网企业与传统产业实现了深度的融合。

### 7.2.3　协同形态

#### 互联网企业

互联网企业大规模崛起，向商业、金融、交通、旅游、餐饮等各个行业渗透，形成“互联网+”的产业融合现象。虽然互联网企业属于互联网和相关服务行业，但是许多互联网企业广泛从事零售、批发、交通、金融借贷等业务，提供了与传统企业相似的产品或服务，并且在众多行业中都占有一定的市场份额。由于互联网企业的渗透，传统行业的参与者和市场结构发生了变化，产业边界趋于模糊，看似不相关的企业具有了竞争关系。例如，在零售业领域，淘宝、天猫、京东等融入零售业，开拓了线上业务，聚合了商业信息；在交通出行领域，滴滴、小黄车等共享了用车信息，促成交通资源的高效利用；金融、酒店和餐饮等行业也都出现了不同程度的互联网服务的渗透融合情况。

#### 线上线下新零售

新零售是互联网时代下，依靠互联网的信息共享，以大数据、云平台、人工智能等技术创新手段，整合线上线下渠道，对零售企业的产品和服务进行升级，完成对传统的商品资源、服务资源、客户资源、仓储资源、物流资源的优化配置，重塑生产流通消费过程中的资金流、物流和信息流，打通各个环节之间的隔阂，实现零售线上线下全渠道深度融合的新模式。新零售以顾客为核心，企业根据消费者的需求，推送产品或服务，并为消费者打造消费场景体验，加上线上线下全渠道的物流配送，实现人—货—场的统一。新零售将制造与消费连接起来，根据需求进行生产，提供顾客所需要的产品和服务，不断更新，以消费需求促进技术创新和服务升级。既能通过增强店内购物的便利性来提升顾客的消费体验，还可以让商家拓展品牌影响半径实现线下更大范围的消费连接。例如，受新冠肺炎疫情影响，百货店、购物中心等实体零售无法正常营业，相关产品上下游供应受阻。但是无人便利店、生鲜超市、无接触配送等新模式利用线上服务和大数据计算来整合资源，推动 O2O 一体化，实现商品需求的精准预测与安全配送。在保障社会稳定和社区商业平稳发展的同时，又满足了消费者的基本需求，实现了网络协作下的线上线下全沟通。

### 虚拟产业集群

虚拟产业集群（Virtual Industry Clusters，VIC）是借助先进通信技术和互联网，利用正式与非正式契约使相互关联的企业与组织机构之间产生依存关系，在虚拟空间中实现合作创新、风险共担与共同发展的一种集聚体。作为区域产业集群的网络集聚，虚拟产业集群内的企业不仅享受了地理产业集群带来的优势，如形成专业化的知识、形成有效的合作、降低交易成本、形成专业劳动力市场、产生知识外溢等，还能通过互联网形成有效的网络数据治理，提升信息传递效率，增强集群企业信用。同时，依托各个企业的核心竞争力，突破地域限制形成分工明晰的专业化整体协作集群，从而实现资源跨地区、跨行业的整合，促进企业创新及快速形成区域经济优势。

由于采用了模块化网络结构（Modular Network Structure，MNS）的虚拟电子供应链（Virtuale-Chain，VeC），虚拟产业集群中所有企业在采用分布式协同运营的同时，形成一个个区块集合的供应链体系，使得其一边保留组织化供应链的优势，一边具有灵活的适应外部环境变化的能力。最终，虚拟产业集群能够让集群企业低成本，甚至无代价地加入网络平台，与其他参与者同步地预测、开发、生产、配送产品和服务，以满足分散动态化的客户需求，最终将所有个体整合起来，产生协同化的运营效果。

#### 产业互联网

产业互联网是以物联网为架构，以消费互联网为基础，以云技术为支撑，以企业用户为主要对象的云平台。实现了从技术底层到应用层的全要素数据化，推动了各产业供给端、生产端、审批流程、销售服务的一体化改造。通过互联网交易平台完成消费和生产的数字化，让大数据、人工智能与工业化应用深度融合。其特征是以生产者为主要用户，以企业虚拟化为主要流程，通过提高资源配置效率和交易效率，建立以“价值经济”为主的商业模式，并最终形成了以数据分析为主的数字环境。其产业组织形式表现为虚拟的网络平台，主要分为交易平台、增信融资平台、智能制造平台、物流交付平台。互联网的技术渗透，让企业实现了由物流和金融的互联网化逐步扩展到全产业链活动的互联网化，并最终实现了产业协同在两方面的提升。一是提高了效率。供需终端联系机制的建立简化了企业产销流程，实现消费者效用最大化，整体提高了交易效率。二是提高了便利性。买卖双方可以在线完成合同签订、款项支付与结算、贸易融资等功能，连通因便捷网络所衍生出来的相关高附加价值产业生态圈，实现产业的高效运转。

## 7.3　边界模糊

### 7.3.1　模式变革

#### 融合动力

产业融合的动力机制主要有管制环境、技术创新、商业模式和价值链 4 个方面。第一，放松管制是产业融合的外部动力。管制的放松降低了市场准入壁垒，激励企业扩展商业模式的市场边界，从而为该产业带来新产品或新的商业模式。同样，除了政策环境，引发产业融合的环境因素还包括社会变革、全球化、自由化、法律变化及现有价值链的市场变动。第二，技术的创新和扩散是造成产业融合的重要原因。数字技术和互联网的发展是这一轮产业融合的技术动力，信息技术的扩散使得不同产业之间具有了共同的技术基础，创新技术和市场需求的结合会改变产业之间的关系，从而使原有产业部门实现更替，产业之间的边界趋于模糊。第三，商业模式创新在产业融合过程中具有决定性作用，甚至有时会超越技术因素。商业模式的创新加快了技术在产业间的扩散效应，扩大了企业的经营范围，形成差异化产品和服务，导致产业间的分工转化为产业内分工，企业由此获取范围经济、规模经济、协同效应等收益。第四，产业融合的过程就是价值链分解与重构的过程。商业模式的创新会改变原有的产业价值链，企业通过改变自身在价值链中的位置来提高其竞争力，在这个过程中，往往伴随着产业融合和消费者角色互换现象的产生。

## 融合过程

数据治理驱动的产业融合本质上是由于网络信息分工的出现引起了产业参与者的变化，以及产业链结构的调整。产业融合导致了工业时代经济分工边界的模糊化，产业融合是相互交叉、相互渗透的动态发展过程，这个过程中还会伴随产业的退化、萎缩，乃至消失的现象。总体来说，产业融合是技术变革的演进过程，通过对信息与通信技术（ICT）企业的样本案例进行比较，发现产业融合是由知识融合、技术融合、应用融合发展而来。从边界清晰的不同产业的知识溢出开始，接着扩展到融合应用性越来越强的阶段，最后导致整个产业间的融合。这种产业的动态演化过程共分为 3 个阶段：第一阶段，产业间供给和需求不相关，融合的产生由外部因素激发；第二阶段，公司行为、产业边界和市场结构开始变化，产业间出现融合现象；第三阶段，两个产业的产品或服务市场具有相关性，并且市场稳定化。

### 三大产业相互融合

随着农业信息化、专业化、规模化、集约化的深入推进，原本成长发育于城市的移动互联网、大数据技术，以及咨询、培训、快递等服务业开始走向农村。农业生产性服务业快速发展，将科技、信息、资金、人才等资源有效植入农业产业链，使得农业新业态、新模式加速形成。农业生产性服务业与农业种植业、农产品加工业融合发展，各种涉农新型经营主体参与农村让产业融合能力不断提高，成为推进农村一、二、三产业融合发展的重要力量。

制造业与服务业间的界限越来越模糊，数字化服务不仅成为制造业中越来越重要的生产要素投入，而且各种数字服务产品已成为制造业产品不可缺少的组成部分，推动服务型制造数字化成为制造业增加值和核心竞争力的主要来源。同时，信息技术的大量使用使服务业的自动化和标准化水平大幅提高，大规模、低成本、定制化的服务提供成为制造业的关键环节。

服务业在崛起的过程中逐渐形成了比较完善的服务体系，在信息网络技术的“黏合作用”下，原来基于机器大工业专业化分工之上的迂回生产方式逐渐被更具有社会分工基础的直接生产方式所取代，并使传统农业和制造业价值增值方式和路径发生了转移，传统工业经济的大规模标准化生产让位于大规模定制化生产。服务业与农业和工业的深度融合将成为新时代产业发展主线，也意味着一个新的服务经济时代即将到来。

## 7.3.2　融合方式

### 渗透融合

产业渗透融合是指在高科技产业与传统产业边界处发生的产业融合，主要是指高新技术向相关产业或其他产业渗透融合形成新产业的过程，其中技术的创新起到至关重要的作用。从经济学角度来看，技术创新是产业渗透现象的主要内在驱动力，技术创新在不同产业之间的扩散导致技术融合，技术融合又进一步推动产业结构的升级。信息技术的快速创新主要通过优势渗透和物化渗透两种途径向传统产业渗透扩散，前者凭借效率优势，强势改进传统产业发展模式；后者通过与传统产业不断磨合，慢慢更新传统产业的信息沟通方式。数据治理下的渗透扩散改变了传统产业链垂直整合的封闭性，将开放式创新与传统产业的创新升级相联结，两者之间呈现相互促进的动态正向关联关系。一方面，开放式创新引进的信息技术渗透到传统产业技术领域，生产出新兴产业产品来替代传统产业产品；另一方面，传统产业为新兴产业的发展提供了积累性资本和支撑性产品基础。最终，企业实施开放式技术创新将加速实现设备、工艺、产品等方面的升级，实现技术引领的产业链整合，完成高科技产业对传统产业的渗透融合。

### 交叉融合

产业融合还有一种形态是交叉型产业融合，它是指两种及以上产业的交叉发展。产业交叉融合能够突破传统一体化封闭性的界限，让原有的产业链不断扩张与延伸，使得原本不同的产业之间出现部分合并，其交叉、融合的程度越高，产业之间的界限越模糊。产业交叉融合的方式能够打通传统产业链上中下游之间的隔阂，企业通过与横向不同产业之间的交叉合作，拓展开放式创新的范围和涉及领域，由此不断整合旧市场，开拓新市场，实现跨行业的产业群整合。在如今数据治理的模式下，产业交叉融合进一步拓展产业交叉领域，促使企业不断向关联部门拓展延伸，让链条上的相关产业及部门之间开启多产业交叉的新型经营合作模式。中粮集团采取优化全产业链的协同机制，将工商等方面的资本引入农业领域，将现代生产要素（技术、资金、种子、机械化）和商业模式（电商等）引入农业，在物流运输、渠道管理、市场运作、品牌推广等方面相互关联，通过促进部门间的交叉融合，降低农业生产成本、提高农业生产效率。

### 重组融合

产业重组型融合是产业融合的另外一种发展方式，其融合方式主要发生在具有紧密联系的产业或同一产业内部不同行业之间，是指原本各自独立的产品或服务在同一标准元件束或集合下通过重组完全结为一体的整合过程。基于该模式下的产业融合，使得企业将以分立剥离及兼并重组的方式改变原有产业的单一构架，依照技术、产品及市场相关性的原则进行产业内部的结构性重组，这种创新模式带来了新的产业价值生成，构成了结构重塑的产业链整合模式。产业重组带来的产业全面融合，使得各自独立的产品和服务通过重组的方式形成一个全新的产业链，而数据治理的介入促使全产业链上下游进行结构性调整，从而保证最佳的资源流动形态，让整个产业链条生产效率最优、成本最低。例如，2017 年以后，谷歌公司建立起以安卓系统为基础的无人驾驶汽车平台，并联合沃尔沃和奥迪等传统汽车制造企业逐步构建起了无人驾驶汽车的全新产业链条，这种基于信息网络技术所形成的新的规模集聚几乎没有规模不经济的临界点。

### 7.3.3　角色互换

#### 从非用户到用户

从非用户到用户的转变，主要表现在对潜在用户的需求满足和需求引导，以此来达成潜在用户的消费行为转变。数据治理不仅模糊了产业间的边界，也通过改变买卖双方的沟通形式，模糊了消费者自身的角色定位。对于商家来说，相对于现实用户，潜在用户就是大量存在的长尾用户，而且这个长尾是无限延伸且没有尽头的。有长尾用户自然存在长尾资源，伴随着长尾资源的无限延伸，长尾用户群体也无限延伸。所以通过提升产品和服务来实现越来越专业化和细分化的消费升级，用性能更好、品质更优、档次更高、更有品位的产品和服务替代原有的消费品，挖掘长尾用户的潜在需求，创造全新的、不同种类的产品满足消费需求，提升这一群体在消费层次、消费质量和消费体验方面的体验，可以获取无限延伸的长尾资源。

在大数据时代，通过对消费者在网上的浏览、点击、留言、评论等碎片化的行为轨迹进行整理搜集，可以全方位、立体性地构建消费者的“用户画像”，更有效地对潜在用户进行身份转换。第一，通过精准营销重构数据，让消费者的一切需求、偏好、动机都能利用数据挖掘技术从“用户画像”数据库中提取出来，再通过消费者群体细分形成对营销有价值的信息，从而精准对接企业的目标对象。第二，以病毒式营销的方式，通过用户的口碑宣传使得信息像病毒一样传播和扩散，并利用互联网提升复制速度，传向数以百万计的用户。这种信息传播策略能够以低成本引导人们主动、不费力地将接收到的信息进行再次传播、快速扩散，从而实现非用户到用户的快速转换。

### 从用户到数字劳工

用户的数字劳工属性转化，就是社交媒体通过吸引大量用户在其平台进行以情感和满足为由的信息共享活动，在用户享受平台服务体验的同时，创造出足量的产品内容，代替平台进行优质内容的创作与传播，进而吸引更多的用户，提升平台的整体价值，并最终自然而然地完成从用户到数字劳工的身份转变。数字资本正是“力求用时间去更多地消灭空间”，来实现其扩张。这种扩张包括从现实的物理空间到虚拟的赛博空间的扩张，从生产空间到生活空间的扩张，以及从真实的社交网络关系到虚拟的社交网络关系的空间扩张。

网络社交媒体为用户提供免费的服务和平台，用户使用并参与内容生产，并以这些内容来吸引更多的用户，提取更多的用户信息，这些信息被作为商品转售给广告商，平台的用户越多，获得的广告费用就越多。这一过程中，用户的使用时间也是其生产性劳动时间，但用户花在网上的使用时间却是用户的无偿劳动。社交媒体的免费性让媒介的使用价值更加突出，同时也隐藏了被社交媒体获取的交换价值。传播技术的数字化以流动、隐蔽的方式不断融入人们的日常生活，将个人信息转化为互联网经济运行的基本“燃料”，掌握并充分利用用户的资料数据库如同掌握石油、土地等资源一般，持续不断地为社交媒体积累数字资本并实现增值，通过技术代码的操作及人们对技术的依赖，实现用户个人隐私数据、个人休闲时间和个人社会资本的“商品化”。让产品消费者和内容生产者之间的界限越来越模糊，并最终实现从产品用户到数字劳工的转化。

# 7.4　资源整合

## 7.4.1　资源表现

### 时空大数据概念

时空大数据是数字城市中各种资源的数据化表现，它是大数据与时空数据的融合，即以地球（或其他星体）为对象，基于统一时空基准活动于时空中且与位置直接或间接相关联的大数据。所有的大数据只有当其与时空数据集成融合后，才能直观地为人类提供大数据的时间和空间概念（空间分布、发展趋势）。时空大数据强调的是在时空中进行的分析与挖掘过程，分析与挖掘的结果本身就反映时间变化趋势和空间分布规律。通过对各类大数据的融合分析实现对城市信息的提取与可视化，进而指导居民生活与区域发展。目前，常用的时空大数据挖掘技术包括遥感反演、时空聚类、分类、关联分析、机器学习、数据可视化、切片分析等。

时空数据是空间数据的扩展，其通常表现为包含时间数据的地理信息数据。它捕获数据的空间和时间信息，处理随着时间变化的空间数据或同一时间点下不同的空间数据。空间数据包含复杂的对象，如点、线、多边形及其他形状的大小参数等。时空数据将多个属性，如纬度、经度和时间组合成有助于理解人类行为的度量单位，其中，最典型的时空数据为经纬度数据，通过解析经纬度数据可以快速获取目标的当前位置。时空大数据在3D建模、智能行车、供应链管理等方面发挥了重要作用。

## 时空大数据特征

时空大数据包括时空基准（时间和空间基准）数据、GNSS和位置轨迹数据、空间大地测量和物理大地测量数据、海洋测绘数据、地图（集）数据、遥感影像数据、与位置相关联的空间媒体数据、地名数据等。时空大数据除具有一般大数据的特征外，还具有以下6个特征：①位置特征。定位于点、线、面、体的三维（$X$，$Y$，$Z$）位置数据，具有复杂的拓扑关系、方向关系和精确的度量关系。②时间特征。时空大数据是随时间的推移而变化的，位置在变化，属性也在变化（如航母在海上航行、普通公路变成了高速公路）。③属性特征。点、线、面、体目标都有自己的质量、数量特征（如居民地的行政等级、人口数据、历史文化意义等）。④尺度（分辨率）特征。尺度效应普遍存在，一是简单比例尺变化所造成的地理信息表达效应；二是在不同比例尺的地图上呈现详略不同的内容；三是对于不同采样粒度呈现的空间格局和描述的细节层次不同；四是对地理信息进行分析时，由于采用的数据单元不同而引起的悖论，即可塑性面积单元问题。⑤多源异构特征。一是数据来源的多样性，基本上为非结构化数据；二是地理空间信息的多源异构性（空间基准不同、时间不同、尺度不同、语义不一致），为结构化数据。⑥多维动态可视化特征。所有随时间变化的情报数据都可以与三维地理空间信息融合，并实现动态可视化。

上述特征有助于经济发展规律的分析与挖掘，揭示出区域内产业和城市的时间变化趋势和空间分布规律。

## 时空大数据应用

时空大数据的发展让我们可以从更广泛的维度为区域发展提供有效的数据支撑，为城市建设与产业发展带来新的契机。其技术应用主要体现在以下5个方面：第一，区域空间界定与发展监测。一般基于地图、遥感数据与社会经济统计数据的综合分析对区域空间中土地利用变化和地块动态特征进行监测，可以为区域规划提供依据。第二，交通网络监测。利用高分辨率卫星遥感、基础地理信息、路网、交通规划、道路卡口、“互联网+”数据等多源时空信息数据建立城市群综合交通建设现状与过程数据库，结合可视化分析技术的应用，进一步构建城市群不同等级公路等交通基础设施的综合动态监测体系。第三，关联性分析与功能布局评价。新型网络时空大数据的应用揭示了区域内的人群出行特征、城市间联系强度、中心城市的辐射范围和城市群人口吸引力等特征，展现了区域内居民的活跃度、内在联系强度，进而有助于分析区域的空间格局和功能定位。第四，产业协同分析。利用 POI 数据、企业网站数据、台站观测数据等，反映企业分布现状、企业联系网络、生态环境现状，对区域内部的产业转移选址、产业协同发展规划等提供科学决策。第五，生态环境监测与评估。高分辨率卫星遥感影像、多平台雷达数据、传感网等数据源帮助进行大气环境监测、城市热岛效应分析、水污染监测、地表植被变化监测、生态承载力分析及灾害与生态风险评估等，对生态环境保护发挥了重要作用，并以此为依据，确保全民对区域环境系统监测与评估的实时、高效，促进区域的协调发展。

### 7.4.2　资源流动

#### 流空间

流空间是信息时代依托互联网产生的新地理空间概念，表现为区域间的物质流动不需具备地理区位相邻的条件就可实现资源传输。流空间最具代表性的四种“流”要素是人流、物流、资金流和信息流，“流”要素是流空间的基础设施，流空间借助“流”要素的运动交互提升整体区域空间的运行效率，强化空间尺度下区域和城市经济、社会发展的功能。互联网信息的“流数据”反映了区域主体以互联网为载体进行的互动行为，以“流数据”为基础反映出区域间的相互联系，进而提升区域内部资源流动的效率，使得区域空间结构从关注打造区域的形态、等级体系转变为注重构建区域内的网络结构、协同功能和分工联系。流空间影响下的区域资源表现形态是空间结构转变的结果，这也就加速了区域间的资源整合，促进区域协调发展。与地方主导的场空间（Space of Places）不同的是，流空间更加强调非局域的“中心流联系”。

### 时间复制

时间复制就是利用网络数据传输的跨时空性，把同一时间“复制”为多个不同时期。例如，人们利用网络信息进行网上购物，节省了去线下商店的时间，并且利用这些时间做更多的事。时间复制是利用网络的无空间性和信息的无维度性，使信息在网络中任意集聚从而形成信息池。既为人们创造了更多的选择时间和资源配置的自由度，也使经济与社会的资源配置实现更优化的效率与社会价值。

通过聚集的信息池，时间在以下 3 种情况实现了复制：第一，数据的网络传输给人们提供了时间和空间的可选择性，让信息池中的各个行为主体可以在任意时间和地点随机地复制和利用信息资源及所需要的服务。第二，网络和信息池可以使人们在同一时间做多项事情。一方面，网络信息池可以给行为主体提供更多的时间；另一方面，让主体在同一时间可以做更多的事。第三，网络和信息池帮助人们节约时间，让人们可以利用节约的时间去做其他事情。数据信息池所节约的时间，本质上是给人们又提供了另外一份获得其他使用价值的时间。简而言之，时间复制为区域内的各主体从量上增加了时间，从质上增加了时间自由度。

### 数据共享

数据共享（Data Sharing）是数据控制者将其收集的信息与他人分享。这种在不同机构、平台之间的数据交换，让数据控制者与分享者之间形成一种合作关系。在大数据时代，全球数据采集在不断优化，数据采集和共享方式正发生日新月异的变化，数据的开发与再次利用很大程度上依赖于数据共享。数据共享能实现数据资源的重复利用，让各主体更便捷地共享数据资源，降低数据收集成本，最大限度地攫取“数据金矿”，扩大数据资源的区域影响力，加快区域的资源流动速率，实现同类数据社会效益的最大化。例如，空客于2017年6月推出Skywise平台，这是一个航空数据共享平台，飞机制造商通过加入平台的航空公司所分享的数据，改进飞机设计并完善其服务。作为回报，这些航空公司根据空客收集和处理的数据定期收到免费报告，帮助他们提高服务质量和效率，获取针对竞争对手的优势。

### 7.4.3　资源融合

#### 经济整合

经济整合主要以共享经济的形式表现出来。共享经济依托移动互联网，运用大数据、云计算等现代信息技术，形成基于社会化网络的第三方电子商务平台，通过实时、精确的信息匹配，短期分离有存量或耐用资源提供方的资源所有权权能中的使用权，增加其收益权，让需求侧的个人或组织以低成本、创新形式获取物品或服务，从而实现资源共享。整个经济活动过程开放个体参与，与组织共同成为经济主体，满足资源所有者和资源需求者双方需求，提高社会存量资源利用率，形成合作剩余，实现经济社会的可持续发展。共享经济的特点是接近零成本的使用权分享，其主要特征是去中心的点对点信息交互，即依赖第三方平台实现网状点对点分享，平台的价值会随着分享者的加入和分享增多呈指数级增长，这意味着从以所有权为基础的消费变为一种真正意义上的、以分享为中心的、不需要所有权的消费。同时，共享经济是一种基于大数据共享提高闲置资源再利用效率的新资源配置方式。在共享经济模式下，实现了共享汽车、共享出行及共享空间等新的生活和生产方式，参与者可以交换个人拥有但不使用的资源，从而实现价值共创。在区域协调方面，经济整合可以通过数据治理，帮助区域实现资源跨时空的精准对接与交换，产生经济上的“长尾现象”，提高区域内部交易效率、降低交易成本、拓宽市场范围、深化区域合作分工水平。

### 算力同步

算力同步是实现数据要素的跨区域流通，其核心就是将数据的存储和计算功能进行跨越地理空间的转移，实现数据中心计算资源的合理布局，从而优化各地区资源的利用效率，构建统一的数据要素大市场。目前，大型数据中心向自然条件优越区域集约化布局的趋势日益明显。例如，谷歌公司在比利时 Saint-Ghislain 建设利用运河水进行自然冷却的数据中心，此地每年平均只有 7 天气温不符合免费冷却系统要求，全年平均 PUE 可达到 1.11，从而大幅降低了数据中心运行成本。同时，构建统一的数据要素大市场，要以一个安全可靠、充分流通的数据要素流通基础设施网络为基础。我国东部地区创新能力强，但算力基础设施资源紧张，中西部地区能源和算力资源丰富，但产业过于低端化。通过优化数字基础设施和应用的空间布局，有助于形成数据自由流通、按需配置、有效共享的全国性要素市场，有利于在中西部地区打造新的数字经济增长极，在各地区资源要素充分利用的前提下，形成以数据为纽带的东中西区域协调发展新格局，实现全国范围内的算力同步。

### 信息共享

信息共享是以平台经济为基础，实现资源的整合。在以大数据为基础的万物互联背景下，平台经济已经成为全面整合产业链和提高资源配置效率的一种新型经济模式，其运行逻辑是将现实资源数据化后上传至网络平台，由平台中间商凭借信息的数量和质量，将足够多的生产者和消费者吸引在一起进行交易，实现资源在供需双方之间的快速流通，从而加速资源的快速整合。不同于传统的线性渠道价值链模型，平台企业设法创造一个循环、迭代、反馈驱动的过程，实现商业生态系统整体价值的最大化。在各类产业的价值网络里均有构建平台的机会，当平台搭建完成之后，产业的价值重心向平台转移，可以有力促进产业进行转型升级，从整体结构上改变资源流动的方式，实现区域范围内资源的高效整合。例如，京东平台的信息共享降低了产业链上所有参与主体的经营成本，同时依靠互联网打破地域束缚，凭借大数据和云计算挖掘消费者的内在价值，在实现自身收益增长的情况下不断增强平台吸引力、提升信息共享水平、降低交易成本、实现资源高效整合。

## 7.5 数字湾区

湾区经济是以海港为依托，以湾区自然地理条件为基础发展形成的一种区域经济形态，因具有开放的经济结构、高效的资源配置能力、强大的集聚外溢功能和发达的国际交往网络，成为带动区域经济发展的重要增长极和引领技术变革的领头羊。传统的三角洲经济在内涵上更强调对内辐射，带动腹地发展；新发展的湾区经济则更强调对外连接，抢占全球产业链的制高点。从全球视野来看，现如今主要有四大世界级湾区，分别是被称为“金融湾区”的纽约湾区、以“高科技湾区”著称的旧金山湾区、有“产业湾区”之称的东京湾区和我国珠三角地区新兴的“粤港澳大湾区”。

### 纽约湾区

纽约湾区（New York Bay Area）分布于美国东北部大西洋沿岸平原，以纽约为中心的美国东北部大西洋沿岸城市群，陆地面积 2.15 万平方千米，人口约 2340 万人，城市化水平达到 90% 以上，国内生产总值超过 2 万亿美元，是美国人口密度最高的地区之一。湾区的产业发展利用外向型经济这一良好条件，使商贸、金融行业在区域内聚集，让纽约湾区发展成为“金融湾区”，进而成为全球的金融中心，其金融领域和都市文化领域在全球均有显著的影响力。华尔街是世界金融的心脏，拥有纽交所和纳斯达克交易所，美国 7 大银行中的 6 家，世界金融、证券、期货及保险和外贸等近 3000 家单位的总部都落户于此。湾区内建立了一批重要的基础设施、经济开放空间、经济发展项目，强调建立以工作和交通为中心的可持续社区。纽约市不断强化其现代服务业职能，将制造业等传统产业逐渐转移到郊区，促进产业转型升级，继而促进以纽约市为中心的生产性服务业、知识密集型产业等新兴产业加速发展。通过对第二产业的升级改造，恢复和巩固了纽约市经济结构多样性的传统优势；强化区域经济发展战略，加强与湾区内费城、波士顿等大都市的经济联系，提升了区域内产业结构多元化和互补性水平；发展外向型服务业等第三产业部门，巩固了纽约国际金融中心、贸易中心的地位。纽约湾区的数据治理集中在搭建数据共享平台，该平台可以收集和分析所有市政部门的数据，从而打破湾区内各部门的数据壁垒。通过对大量数据的深度分析，从而更好地确定湾区管理的风险点，提高市政服务的质量和效率，并增加政府工作透明度。该平台还通过项目合作的方式，帮助湾区内各部门提升自己的数据分析能力和应用数据提升服务的能力。

### 旧金山湾区

旧金山湾区（San Francisco Bay Area）是美国西海岸加利福尼亚州北部的一个大都会区，陆地面积 1.80 万平方千米，人口超过 760 万人，世界著名的高科技研发基地硅谷（Silicon Valley）就位于该湾区南部。旧金山湾区抓住了第三次工业革命兴起的机遇，利用斯坦福大学、加州大学伯克利分校等 20 多所著名大学及硅谷科技创新区等创新资源，大力推动信息技术产业发展，打造了科技发达，环境优美的“高科技湾区”，让其成长为全球创新高地和重要的科技创新中心。湾区内分布着许多知名高校，科技人才聚集，其中高科技人员约 200 万人，是世界各地科技精英聚集地。高科技经济占半壁江山的旧金山湾区代表了一种新的开发模式，即不同于重工业化时期主要对地域和物质资源的广度开发，而是后工业化时期对信息和智力资源的深层开发。硅谷不仅是美国西部经济第二次开发的典型代表，还是世界其他国家和地区进行高技术开发所效仿的对象。硅谷的崛起使全球从工业时代过渡到信息时代。同时，旧金山湾区拥有最开放的经济空间和富有效率的科技金融体系，是全世界风险投资行业最发达的地区，其风投行业与创业板市场相互促进。在企业科技研发、成果转化、产业化发展等各个阶段，各类社会资源得以充分调动和配置，满足了高科技产业的发展需求。同时，由于科技发展的需要，该湾区在发展数字化的过程中注重网络安全，在一次钓鱼攻击后，洛杉矶从联邦网络安全模式转变为集中安全结构，包括全部门的安全升级和更好的移动设备管理。在公民参与方面，洛杉矶开发了广受欢迎的轨迹应用程序，应用包含了反馈功能，并能根据谷歌 Play 和 App Store 等平台的评论进行功能改进。

### 东京湾区

东京湾区位于日本本州岛，包含东京及其周围的 7 个县，是世界上人口最多、城市基础设施最为完善的大都市圈之一。东京湾区以日本 1/3 的人口创造了该国 2/3 的财富，拥有六大港口和两大国际机场，并与全球主要城市之间建立了发达的海陆空立体交通网，成为日本最大的工业城市群和国际金融中心、交通中心、商贸中心和消费中心。东京湾区从性质上来看属于一种“产业湾区”，在东京湾区的沿岸，有 6 个前后衔接的港口，吞吐量超过 5 亿吨。在众多港口的助力之下，湾区渐渐发展出了 2 个工业带：京滨工业区和京叶工业带。在工业带中，不管是现代物流、游戏动漫、高新技术等产业，还是传统的钢铁、石油化工、装备制造等产业的发展程度均较高，而且该地区也是三菱、丰田、索尼等一大批世界 500 强企业的总部所在地。东京大湾区在建设过程中，非常注重港口之间的规划和利益协调，鼓励各个地方对港口进行功能分工，防止不同港口由于费用差异而引发恶性竞争，尽力确保整个港口群的经济利益。总体来说，日本无论从政府层面还是国民层面，数字化程度都不是很高，湾区内部的数字化进程也是如此。根据日本总务省统计局 2020 年 9 月的数据显示，日本人口约 1.2 亿人，但是可通过数字化办理各项业务、相当于个人身份证的“My Number”申请情况却不理想。目前日本只有约 2300 万人进行了申领，仅占全国人口的 18.2%。作为日本政治经济中心的东京，拥有近 1400 万人口，申领人数也仅有 317 万人，占东京人口总数的 23.1%。这种情况也是由于其社会服务水平暂时能够满足企业和个人的发展需要所导致的，但是数字化落后的状态终归拖慢了国家的经济发展。2020 年 11 月 26 日，日本政府决定力争在 2021 年 9 月创设“数字厅”，“数字厅”被定位为民间和官方的数字化指挥塔，将由首相直辖。作为数字化基础的个人编号制度的相关管辖权限也将从内阁府和总务省移至数字厅。与此同时，日本也将加速数字化相关立法，在 2021 年 1 月开幕的国会上提交“IT 基本法”等法案。

### 粤港澳大湾区

粤港澳大湾区（Guangdong-Hong Kong-Macao Greater Bay Area，GBA）由香港、澳门两个特别行政区和广东省广州、深圳、珠海、佛山、惠州、东莞、中山、江门、肇庆 9 个珠三角城市组成，区域土地面积 5.61 万平方千米，人口超过 7000 万人，是一个竞争力不断提升的新兴湾区。其数字一体化建设促进了粤港澳三地资源要素的自由流动。在生活领域，互联网支付技术的普及带来了消费体验的无差别感，促进民生相通；数字化的营销新模式激活了三地商业发展新空间；智慧交通使城市之间更紧密，人员流动、货物运输更高效。在金融领域，金融跨境互联互通促进三地金融协同创新发展。2019 年 3 月起，AlipayHK 拓展至粤港澳大湾区内地城市，数十万大湾区内地商铺接受用户使用 AlipayHK 支付。在商业领域，数字技术加持下的跨境电商，让越来越多的港澳消费者也开始“陆淘”。在跨境城市治理领域，更新了政务信息共享系统，完善了以云计算、数据智能、智联网和移动协同等技术构成的数字基础设施，连接了三地间的政务数字孤岛，提升了大湾区的整体协同发展效率。

## 参考文献

[1] DONG Z G, LIU H X, WU G Z, et al. Research on spacial characteristics of urban agglomeration based on mobile phone big data: a study in Pearl River Delta [J] .Traffic & transportation, 2017 (5) : 32–34.

[2] HE Z C, GUO Q H, YANG Y F, et al. An evaluation of Xiamen-Zhangzhou-Quanzhou integrate development based on POI [J]. Planners, 2018 (4) : 33-37.

[3] CAI M, REN C, XU Y, et al. Investigating the relationship between local climate zone and land surface temperature using an improved WUDAPT methodology—A case study of Yangtze River Delta, China [J]. Urban climate, 2018, 24: 485-502.

[4] 邱玉霞，袁方玉 . 共享经济理论研究框架与展望 [J]. 管理现代化，2020，40 (3) : 123-126.

[5] 傅易文晋，陈华辉，钱江波，等 . 面向时空数据的区块链研究综述 [J]. 计算机工程，2020，46 (3) : 1-10.

[6] 陈少杰，沈丽珍 . 基于腾讯位置大数据的三地同城化地区人口流动时空间特征研究 [J]. 现代城市研究，2019 (11) : 2-12.

[7] 陈芳淼，黄慧萍，贾坤 . 时空大数据在城市群建设与管理中的应用研究进展 [J]. 地球信息科学学报，2020，22 (6) : 1307-1319.

[8] 李兰冰，刘秉镰 . “十四五”时期中国区域经济发展的重大问题展望 [J]. 管理世界，2020，36 (5) : 8，36-51.

第 8 章 ●●●●

# 社会数据治理：从理念到机制的变革

网络化思维和大数据驱动社会治理向共建共治共享方向演进，基于多元主体共同参与，更加精简、高效、廉洁、公平的社会数据治理新机制、新平台和新运作模式推动政府向下级、市场和社会放权，社会治理边界也超越时间、空间和部门分割的限制，推动行政权力与责任的重塑。扁平化、交互式的社会数据治理方式在为居民提供便捷服务的同时，也在公共资源分配、减灾防灾、公共卫生与安全、应急救援、社会舆情引导等方面发挥积极作用，助力社会治理能力提升，激发城市创新力和活力，保障社会发展长治久安。

## 8.1 社会治理理念

### 8.1.1 网络思维

数字政府

数字政府是政府基于网络化思维，利用大数据、云计算、移动物联网等应用，推动公共政策与服务数字化运营升级的一种治理体系和管理模式。其目的在于创新适应数字化时代的行政管理体制，建设服务型政府。不同于电子政务，数字政府更侧重在新技术应用环境下满足公众对公共服务和公共价值的需求。政府数字服务（Government Digital Service）更强调在简政放权、放管结合、优化服务、深化行政审批制度改革、改善营商环境、激发各类市场主体活力等方面对数据资产的精准计算和高效配置，是一种新的政府形态，是政府在社会治理理念、数字技术、政务流程和体制机制等方面进行的数字化变革创新，涉及数字政府战略制定、治理模式、组织架构等方面的内容，尤其在工作流程、业务过程、操作方法和服务框架等方面与用户形成紧密协同的新模式，使得政府由数据的控制者变为数据的促进者，从而创造全新的公共价值。

### 政府即平台

政府即平台（Government as a Platform，GaaP）又称整体性政府或平台政府，定位于消除数据孤岛，提供数据共享，解决政府数字化转型中庞大且错综复杂的立法框架、数据标准和业务关系互不兼容的问题。利用共享数据平台提供公共服务的运营理念，由政府、非政府组织、企业、协会、个人等不同用户角色组成的数字生态系统应用数字技术来创建公共价值。满足不同愿景、不同角色用户的技术与服务，对公平、公正、效率和效能期望的产品选择，以公共目的完成对资源的合法、优化配置和使用等。按照建设主体和沟通渠道的差异，现有数据平台主要有一体化平台、同行平台、众包平台和生态系统平台等。

### 网络化公民社会

网络化公民社会（Networked Civil Society）通过扩大平台用户规模和提高用户黏性等指标，形成规模以上公民自愿聚集、自由交流、共同参与，具有网络群体和网络舆论特征的一种虚拟现实交互的社会数据治理形式。其关键指标有治理平台的开放程度、公民个人选择服务的自主权、公民互动过程感染和感知体验、公民服务效果期望和缺陷容忍度等。其通过实现公民与公民、公民与平台、用户与第三方中介等多种异质群体的快速强连接，完成公民需求、数据、解决方案、服务和应用程序的精准化、个性化和共享性，创建开放、包容、多向度、充分交互的公民价值网络。

## 8.1.2 用户思维

### 多向数字沟通

多向数字沟通应用区块链和智能合约等技术，以共享、合作、交互为特征，为公民及企业参与社会治理或意见表达提供可靠、不变和可追溯性的多向沟通渠道。其核心是“以用户为中心”，是社会治理数字化转型理念顶层设计的基本逻辑。以“企业信用评估协作”为例，企业通过数字身份唯一识别码将工作提交至数字平台，智能合约平台审查、监控企业协作期间的所有行为和细节等表现，并记录到区块链分类账中，将其保存为区块作为评估的证据，利用区块链去中心化和分布式分类账特点，确保区块链网络中节点一致性，相关主体之间通过签订智能合约，相互验证、互为补充，确保公平评估。

### 公民即用户

2012年英国《政府数字化战略》提出“公民即用户”（Citizens as a User）理念，明确提出“设计人们更愿意使用的数字服务”。“公民即用户”理念强调社会治理从公民的需求出发，将公民个体作为终端用户和基础服务对象，围绕公民价值中心，提供基于各类社会治理网络平台和应用程序数字化的服务或产品。把满足公民需求、获取公民认同、提升公民使用和感知体验作为社会治理目标，为社会治理贡献数据。连接大量终端用户（公民），嵌入符合公民真实需求的应用程序、开放数据或社交媒体；建立公民价值网络、程序和感知终端，并面向公民（终端用户）优化整合和完善参与社会治理的组织、服务和交付流程等。从理念、文化、组织和制度环境等方面的转变实现用户便利性和用户价值，以提升社会治理效率和改善治理模式。

### 结构化数据服务

结构化数据服务是一种针对特定服务场景进行数据场景开发和应用的服务形式。其首先将分散在不同部门、系统和地域的非结构化数据资源转变为结构化数据，然后进行优化整合，最后实现技术与业务的有机融合，从而为用户提供一体性、共享性的公共服务及通用共享平台设施。

以新冠肺炎疫情期间杭州“指数化疫情治理”为例，其基于杭州城市大脑中枢系统，协同各部门疫情防控数据，统一防控指数、资源通畅指数等疫情治理目标和策略，通过建立涵盖疫情动态、隔离情况、杭州健康码等100多个关键指标的数字化应用场景，协同计算，即时掌控，摸清底数，实现风险因素量化衡量。当疫情转向以境外输入为主后，及时接入国际版健康码数据，辅助城市管理者科学、及时地做出决策，对于杭州控制疫情发挥了较好作用。

## 8.2 社会治理模式

社会治理模式的数字化变革是治理主体、治理空间、治理体制和机制在数字化影响下相互影响和相互融合的过程；是遵循“业务数据化，数据业务化”具有整体性、系统性、连续性的政策体系；是凝聚历史背景、思维理念、价值诉求、管理工具、技术手段的数字化运行模式。

### 8.2.1 治理主体

#### 单元治理模式：政府主体

在单元治理模式下，政府作为唯一的权利主体，多利用法律或道德等工具建立自上而下的层级管理（Hierarchical Management）和市场治理（Market Management）模式，突出政府和权力本位，具有一定的专制性。非权利主体间公共资源及数据获取渠道不均衡，容易形成社会不稳定因素，破坏人与人、人与社会之间的和谐均衡关系。政府获取社会状态数据的渠道往往固化且单一，导致其很难精确把握社会发展需要，很难适应“复杂社会”治理需要，也难以满足不同社会主体的多样化、差别化需求。尤其因现代社会关系调整引发的诸如流动人口治理、重大工程群体性事件等新问题出现时，其数量多、暴发频率快，诸多因素相互依赖、相互关联，社会责任和归属难界定，问题后果难预见，变化持续螺旋发展，目标冲突难以权衡，个人和社会行为变化容易受到强烈抵制或鼓励。传统社会治理管理手段失灵，囿于手段及力量的有限性，其所依赖的数据大多数来自抽样调查、局部数据，治理的过程多依赖于社会经验，这种以局部数据衡量社会发展整体情况的做法及方式，容易导致以偏概全的思维，影响市场、社会、公民参与治理的热情与动力，妨碍社会治理协同效应的形成。

### 多元共建模式：公众参与主体

以大数据、云计算、人工智能等新兴信息技术和新社交媒体为治理手段，创造多元沟通途径和平台，政府、非营利组织、企业、公民、社会力量等多元主体作为终端用户，围绕大数据平台，以利益相关者广泛深入参与大规模体验作为数字化战略构建核心。以用户需求为中心，完成公共服务供给模式从管制到服务的变革，构建开放、协调、整合的多元主体共建策略的多元共建模式。该模式下，政府主导，市场、社会、公民等多元主体协同参与全方位的社会治理，参与各方权责更加明确，政府与居民互动更加主动，民众积极参与社会治理，多元主体平等合作，各尽其责。

多元共建模式下的社会治理更加精细，政策活动通过多元主体之间的互动而发生。参与社会化治理的方式更加依靠各类数字化应用及技术支撑，拥有不同治理数据的各个主体在数字平台或终端上完成系统化平等合作与对话，如以网上听证会、会商会、协商会等形式开展公共事务民主协商等。这种集体行动有效提升了社会公共服务质量，有助于实现公共利益最大化，提升社会治理决策的科学化和精准化。例如，“支付宝健康码”由企业开发，政府认可并加以推广应用，公民参与使用的多元协同模式对于有效控制疫情起到了重要作用。此外，“最多跑一次”“不见面审批”“一网通办”等模式创新，有助于推进国家治理现代化，提升社会治理效率。

### 多元协同自治模式：自组织主体

多元协同治理模式下，以往由政府或事业单位包揽社会治理功能，组织开展社区安全、矛盾调处、环境保护等社会治理事项的治理模式解体，社会治理主体界限模糊化。由各级政府组织、社区或农村自治组织、社会组织、公民个体广泛参与的多元协同自治模式已经逐渐成为社会治理的新常态。这一模式下，多元主体共同参与公共问题的解决、公共政策的制定和执行，完成社会事务的自我组织和管理。用户驱动创造终端用户价值行动计划，提供更加个性化的交互访问方式与应用体验感受，通过“数据—信息—资源”属性发掘治理资源，集中解决社会治理过程中遇到的复杂问题。其能够在社会层面形成具有包容、公共和共享属性的价值和高效、精简、相互依赖的协作网络。其能以法律的形式界定各主体之间的关系，明确不同主体的权责范围及权力运行方式，并提供与之相适应的组织保障，然后建立多元主体自治的数据体系及秩序结构。典型的如“吹哨报道”“小巷管家”“朝阳群众”“西城大妈”等，有效提升了社会治理数字化决策能力、管理能力和服务能力。

## 8.2.2　云空间治理

### 物理空间

社会治理物理空间通常是指建筑学或城市规划学概念中区域、建筑、道路、自然、社区、水域景观等实体空间，通过封闭、分割单元承载城市特定功能。这种基于封闭、分割治理理念的划行政区治理模式也在跨流域治理、跨区域大气污染治理、跨区域扶贫等社会治理领域建立了全域覆盖的感知网络，跨区域分析与解决社会问题。物理空间中的实体具有如体积、重量、空间位置等空间属性。在虚拟空间通常借助传感器、物联网等信息技术实现对物理空间中实体的感知，感知的数据包括交通数据、环境数据、基础设施数据、建筑数据、气象数据等，其数据的传输也随着天地一体化应急通信网络的建立而更加高效。

以京津冀地区大气污染治理为例，在治理之初，北京市、天津市和河北省依据行政区划范围分省而治，北京市搬迁大量污染工业企业到河北省境内，但由于大气污染物的流动性极强，北京市的大气环境质量仍然无法做到独善其身。京津冀一体化建立区域大气污染协同治理网络，实现了数据管理与共享，京津冀各级政府、政府各部门之间展开频繁互动与合作，完成三区联动监测评估，并且广泛发动社会组织、志愿群众参与到大气污染治理过程中，促成了京津冀地区大气环境质量的明显改善。

### 社会空间

社会空间由政府、社会组织、居民等共同构成，其内在联系是社会关系对社会治理运行机制的影响，即社会空间是“社会—空间”中人与人、人与物可度量的交互性辩证统一。社会空间数据主要以社会服务数据的形式为主，具体包括政府管理数据、人口统计数据、教育数据、产业数据、社会保障数据、就业数据、医疗数据、养老数据等。社会空间与物理空间通过泛在感知、万物互联、人工智能等各种复杂形式进行关联，社会空间中的人、机、物等高度融合并在时空网络中快速生成、更新与变化，泛在感知到的数据高效地服务于城市社会治理。

### 信息空间

社会治理信息空间是以物理空间数据为基础，城市信息要素为载体，通过信息流实现信息纵向贯通、横向互联的虚拟空间。信息空间中的实体主要由来自物理、社会空间的数据及信息空间独立产生的数据共同构成，信息空间中的数据通常利用社会物理信息系统（Cyber-Physical-Social System，CPSS）及数字孪生技术辅助其数据采集、组织、分析与管理。在信息空间中不具备物理属性，却可以方便地与其他实体建立关联。通过对信息空间中的数据进行序化组织与语义融合，能够形成具有实际价值的信息，进而反向为物理空间与社会空间提供服务。

流动空间

社会治理空间组织由传统的、等级性中心模式向多中心、扁平化、网络化模式转变。空间范式由传统的“地方空间”向基于网络的“流动空间”转变，带动城市和区域发展，突破了由于地理距离导致的地点隔绝问题，借助数字渠道消除了组织与组织环境之间的界限。信息空间和人类生活的物理空间、社会空间相互交织，存在多重网络关系，这些关系交互融合，数据连续多维交互运动，实现万物互联和一体化运行的流动空间。人类大量活动在信息空间发生，人既是实体空间中的人，也是网络空间中数据化的人，社会治理的手段因人而变。“大数据＋算法＋场景”三位一体完成人与物理世界的交互，将现实传统场景迁移到网络空间，把网络空间变成重要的权利空间（数字主权），使得社会治理的数据成为网络空间的基本生产资源。

以道路交通异地违章处理为例，在自驾游盛行的同时，异地违章确认及罚款缴纳等大量发生，信息的滞后与处理手段缺乏，往往导致道路违章游客只能回到违章地办理，造成很多不便及社会资源浪费，现在通过“交管12123”等平台，游客可以很方便地在线完成交通违章处理和罚款缴纳。

## 8.3　社会治理结构

在传统社会治理“条块分割碎片化”结构中，以及自上而下的高度集权和横向部门分立的双重因素影响下，跨部门信息协同的困难导致数据治理结构与治理机制不健全，数据治理能力差。各级政府及部门建设的众多数据共享与服务化平台普遍存在功能单一、覆盖范围小、集约化水平低、数据闭塞等共性特征，形成数据“烟囱”，尽管数据量大，但却难以转化为真正的业务价值。

### 8.3.1 层级治理

#### 纵向跨层级整合

纵向跨层级整合是指由两个或多个政府部门以服务为中心，将传统的纵向等级关系业务系统建设转变为上下交错、横向互动联通的合作伙伴关系，是一种纵向跨层级的治理结构。整合后的治理结构在一定程度上消除了组织纵向结构上的界限，这一结构尽管仍保留上下级行政从属等级，下一级服从和执行上级的行政命令，但无行政隶属关系。相邻政府之间建立全方位的新型横向关系，中央与地方关系双向融合，央地关系、专业组织与地域组织关系也由条块分割转为全局化部署和平台化协作，政府间跨部门和跨地域合作的数据完成互联互通和协作。例如，同行平台是为支持中小企业发展、政府许可而建立的数据共享垂直平台，可以快速提升某些涉及中央、地方等多个层面、多个部门在特定领域的服务质量，适合于政府监管机构和审批许可机构。

以京津冀政府间治理结构为例，同时存在中央政府与北京、天津、河北 3 个省级政府之间的互动合作关系，京津冀省级政府协同关系、市县政府与河北省政府的纵向政府间行政隶属与合作协同关系等不同层面，基于不同业务和人员往来的社会治理结构关系，不同等级政府之间发生联系，形成互动，构成相互依赖的结构关系。还有以“金税工程”“金保工程”为代表、覆盖全国的垂直行业应用系统，用户规模大、黏性高，对政府业务支撑力度强，有利于直接实现全国范围内的跨层级、跨地域提供服务，从而更好地发挥经济和社会效益。

#### 横向无缝隙整合

利用大数据操作系统、机器学习、数据开放服务、数据共享交换等技术产品，从横向完成治理数据的无缝隙整合，建立无缝隙政府（Seamless

Government），其可以打破部门之间条块分割的格局，按照物理分散、逻辑贯通的方式连接，综合多部门数据实现数据共享；能够整合资源，追求零顾客成本，以单一界面直接面向公众提供跨部门信息和服务。例如，社会治理数据共享的数据中台，其以顾客、结果和竞争为导向，对政府部门数据资源进行横向整合和管理，其数据的组织形式和界限是流动和变化的，在中台上实现公共数据互换、信息互通、政务数据共享，完成不同职能领域之间数据的横向转移和流动，消除组织横向结构上的界限。

以杭州城市大脑建设为例，从“治堵”到“治城”，从“单一场景的推广”到“综合区的实践”，其涵盖的应用场景覆盖全市的148个“数字驾驶舱”，为科学决策提供更加实时、精准、全面数据支撑的同时，完成机构内部、部门间和区域之间协同对接，为市民提供无缝隙公共服务。

### 公私协同治理

公私协同治理(Public-Private Partnership,PPP)又称政府与社会资本合作，以公私合作、中央政府与地方政府相结合，强调政府以特许经营或购买服务等方式提供场景，引入数字化市场竞争和激励约束机制，借助私人部门数字优势，完成公共基础设施、产品差异化供给的数字化分类精准治理，创新解决新问题。在这一结构下，政府充当协调者或中枢，公众、企业、非政府组织等共同参与，能够有效处理数据集中与隐私保护、集权与分权、信息公开透明与政府服务供给不足等问题。例如，美国国际开发署抗击埃博拉疫情大挑战平台和联合国难民署的开放创意平台，这些平台针对高度复杂的问题广泛征集专业人才和创新解决措施。还有我国多个地方政府开发和建设的“随手拍”平台，鼓励公众运用手机将交通违规、环境污染等现象随时随地记录下来。

### 8.3.2 平台化治理

#### 一体化社会治理服务平台

一体化社会治理服务平台以数据集中和共享为途径，打通信息壁垒，形成覆盖全国、统筹利用、统一接入的全国信息资源共享体系、数据治理体系和数据标准。基于具体的业务需求驱动，可以在全国范围内实现数据开放和跨部门共享；可以缓解各级地方政府主管领导推动数据开放共享方面的压力，实现数据的增值利用；可以打通垂直系统，实现政务服务平台与国家、省垂直系统互联互通，企业和市民办事服务高效一体化，吸引社会力量共建共享开放数据。

#### 通用性业务数字规范平台

国家部委是行业政策的发布或执行机构，具有熟悉政策目标、掌握业务流程的优势。通用性业务数字规范平台有利于在全国范围内提高政策依据、办事指南、受理条件、办理流程、收费标准、办结时限、咨询反馈等数字服务的规范性，并且可以及时推动清理阻碍政府数字服务发展的政策法规。其采用统一规划、集中建设的模式，面向地方政府部门进行系统开放、组件开源，实现大范围、低成本共享复用。

#### 基础网络软硬件设施共享平台

省级政府具有承上启下的地位，可以发挥上下联动的作用。省级政府重点搭建的基础网络软硬件设施共享平台，采用国家部委集中建设的业务应用系统，面向政府业务场景的决策模型与指标体系构建，同时监督限制省级以下政府部门开发建设类似平台。该平台既可以提供网络虚拟机、安全防护设施、操作系统、数据库、公共应用等软硬件资源服务，建立自下而上的业务需求改进模型，又能保证国家各部委提供的业务信息系统能够依托省级政府数据中心和省级政务云平台有效运行，实现政务信息系统整合和政务信息资源共享，消除区域范围内的“数据孤岛”，提升政务服务和社会治理能力。

### 基层治理 O2O

地市区县等基层政府部门承担数字系统日常运行维护和普及推广的任务，负责及时更新信息内容，确保提供的在线服务准确可靠，并且具体办理需要线上、线下协同（Online to Offline，O2O）的社会治理事项。基层政府通过设立专项扶持基金，依托基层行政办事服务大厅、文化站、图书室等场所，提供无线互联网免费接入；在公共场所提供数字治理服务培训，加强网络基础设施建设；普及计算机和网络知识教育，提高农村转移人口上网的需求意愿和使用技能，培养使用习惯，为中老年人、农村转移人口等弱势群体使用数字治理服务提供支持。

## 8.3.3　功能治理

### 社会治理数字画像

社会治理数字画像（Digital Portraits of Social Governance）作为治理数字空间构建方法及产品形式，运用城市物理、社会和信息空间中的大数据辅助社会治理。其通过对城市进行分面建模，搭建全面覆盖城市社会治理的数字空间框架，利用大数据对城市分面及其关系进行刻画，其中，状态数据描述对象、行为数据反映关系、时序数据呈现过程、位置数据勾画空间，以全景化呈现城市运行状况。完成社会治理数字空间的建立后，基于算法和模型实现社会治理数据分析、推理信息服务、辅助治理等。例如，利用城市数字画像解决大规模节庆活动中人数多、持续时间久、人员聚集程度高等容易诱发恐怖袭击、人员踩踏等场景的事前防范、事中处理、事后分析（图 8-1）。

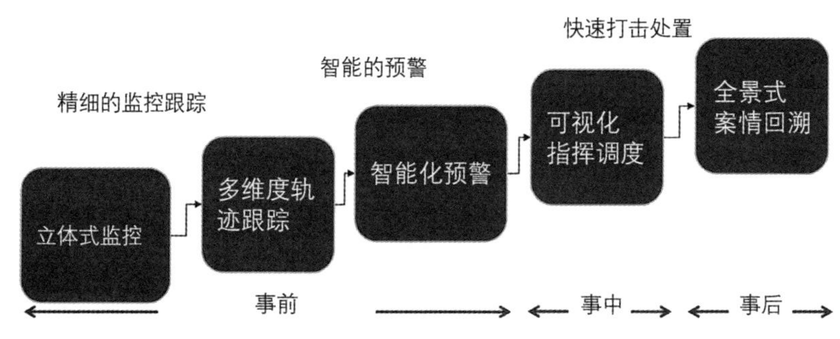


**图 8-1 社会治理数字画像全景**

（资料来源：http://www.heng-dong.com/business-26.html）

## 全链条分布化协同

基于社会治理效能提升和安全风险防范数字应用场景的全链条分布化协同是利用“互联网+”、大数据等技术，针对网络诈骗、非法集资等违法犯罪活动特点建立的跨部门、跨区域、跨层级，多元协同、集成分布式监测预警和风险防控数据流通的治理平台。其主要通过线下讲座、大型活动等多种渠道，报刊、电视台等传统媒体新闻报道及网络、微信、微博等新媒体宣传，完成网络数据资源整合汇聚应用；以网治网、整合资源，专班线索快速落查，通过“技防+人防”的快速反应，专业化精准预警，扁平化实时指挥，对接报警情完成定向追踪、循线调查、止付冻结等风险管控。可以“事先发现、事中阻断”，更精准地发现问题，更及时地提示风险。通过对开户管理、信息拦截、资金阻断、预警提示、侦查破案全过程协同，从源头上控制和压降发案，及时拦截止损，不限层级穷尽手段止付涉案资金流账户等，是一种“前端信息接入—过程云计算—线下处理”全链条闭环的社会治理结构。

## 末梢治理协作圈

末梢治理协作圈又称基层社会治理协作圈（Grass-roots Social Governance Cooperation Circle），是由街道办事处、社区服务站、社区党委、社区居委会、物业公司、其他非营利组织及业主委员会等各种类型的组织共同组成，各组织基于共同的数字网络平台分别承担责任，又跨组织协作完成基层社会治理，属于社会系统神经末梢部分，其治理路径和基本单元与生活和工作关系密切，是国家和社会治理的复合实体与基础。在这一协作圈中，各行动者权责清晰，各司其职，其职责划分如下：作为基层政府的街道办事处其静态组织架构设计与上级区政府对接，与街道工作委员会分设合署办公，从后台处理有关事项；社区服务站作为社区的政务服务前台，主要负责分类收集和初步审核材料，以及后台的对应处理实现政务服务的操作流程；社区居委会与社区党委合署办公，承接社会治理功能，常采取雇用片长、网格管理员作为行动者的管理模式；非营利组织孵化或承接社区营造等具体社会治理业务，与街道、社区建立较长期的互信关系，加入基层社会治理协作圈；物业公司有偿协助进行社会治理；业主委员会自助进行社会治理。

### 云图多应用融合治理

云图又称网格管理数据云图，将区域综合治理大数据进行全方位整合，并分析特征数据、服务数据、治安数据、环境数据，形成分析云图，在工作流向政府工作人员提供建议，提高治理工作效率；对业务操作和绩效等数据集进行数据可视化分析，对服务质量／效率分析各项指标同比、环比等情况及趋势进行对比分析；通过大数据算法模型对区域治安、安全隐患事件进行分析；结合GIS 地图，以网格化划分，实现可视化管理治理云图子系统。云图以城市区域电子地图为基础，实现对区域内人、地、事、物、情、组织的直观管理，完成包括人员定位、区域统计、应急指挥和视频监控整合、区域统计等；也可在地图上用画线的方式划分出区域，以便网格员巡查，相关人、物、事及社区网格员信息均以坐标形式显示在地图相应位置，实时显示现有常住人口、流动人口和重点人口数据，以及各类场所的基本情况、统计分析等，直观呈现执行工作态势。除了实现数据联动互通外，云图还与监控对接，随时调取查看任一监控的画面，远程现场锁定人员行踪及车辆轨迹，与现场执行单兵设备、线下网格员见证执行互补，帮助执行人员及时获悉周边动态，实现对执行现场情况的通盘了解、全盘掌握，在线与网格员发起视频或者语音通话，从线下单向协助到线上双向互动，通过在云图中标识，系统会自动关联匹配其属性信息，多重信息叠加绘制出其关系网络，准确找到相关信息。

## 8.4 社会治理机制

### 8.4.1 预测与预防

#### 算法精准治理

算法精准治理是通过数据挖掘算法，对政策问题进行数据化形式呈现，利用数据的可计算和可分析性挖掘政策信息的数据价值，满足各社会治理主体参与解决公共政策问题的过程。通过对外部数据的采集、整合、加工，最后输出政策数据产品，及时调整决策理念和创新思维，完成社会治理由注重人员管理向注重平台功能管理的转变，进而实现数据治理。例如，政府根据业务应用形态变化通过预警平台进行监测，实时汇集企业、组织、个人等信息状态形成标准库，自动分析，寻找规律，根据规则完成任务。平台下，人工与机器合理互动，机器学习算法代替人工对业务申请材料进行自动识别和标准化处理，人工对有误的数据进行标注，形成更高质量的训练数据集，把机器训练得更加准确。此外，公开算法相关记录、解释算法规则、构建问责机构以确保算法精准治理的合法性与正当性。

#### 政策网络预测

政策网络预测是基于政府与其他社会行动者之间因资源依赖和断裂互动网络数据为基础组建，以“真问题”和社会需求为靶向，预测社会舆论导向，实现精准预测、精准识别、精准管理和精准考核，使政策网络主体、客体和介体与信息化、数据化深度融合，降低各主体间信息交易成本和政府服务成本，实现组织方式扁平化，为社会治理的广泛参与提供平台，整合基层服务力量与社会资源，编制个性化的公共服务清单，并建立虚拟化团队对专项事务进行治理。

以公共场所禁烟政策为例，从未得到满足的差异性个体禁烟需求开始，演变到具有明显类型化特征和规模效应而必须解决的社会问题，这其中每一个阶段均产生大量的数据信息，这些数据信息勾画出一个政府需要解决的“政策问题”。

### 可预测持续改变

数字政府的智慧化阶段又称优化阶段，其以开放数据创新政府决策和提供自动化社会治理服务为关键指标，通过智能机器完成社会治理信息、集成与创新，完成不断增长的数据驱动创新和可预测的持续改变。政府进行服务数字化改变，对工作人员的数字素养有一定要求，建立支持数字过渡的文化和能力，能够保证转变可持续发展。政府在进行全社会范围的大数据思维和意识的普及宣传，利用数字技术协同创新数字文化的同时，通过培养政府工作人员用户的研究和分析能力、数字业务模型构建能力、数字供应链经营能力等新意识和新技能，持续系统地培养大数据工作人员和专业人才等数字人才及数字文化，是社会治理数字化建设的基本保障。

### 社会矛盾预防化解机制

社会矛盾预防化解体制机制以“互联网＋群众路线”模式建立民情联系互联网平台，开展社会舆情监测、舆情分析，为做好重大决策社会稳定风险评估工作提供数据支撑。在该机制下，政府通过公开行政执法和司法信息，强化社会监督，及时纠正不作为、乱作为现象，推行网上信访，拓宽信访渠道，为公民充分有序地表达诉求、反映问题提供有针对性的调解和处理，化解社会矛盾，保障其合法权益。信访超市（Petition Supermarket）引导和帮助群众在统一办事大厅或网上一站式咨询信访问题，配合人民调解、法律咨询、仲裁诉讼等，提供“机＋人”相结合的人性化服务，以智能服务为主，多网融合，多渠道化解群众信访问题和矛盾纠纷。

微议程

在网络技术和大数据高度发展的今天，微博、SNS、贴吧、微信等自媒体与移动终端广泛应用。微议程通过高效发掘个体与群体需求，将信息提供者的观点、利益和信仰进行充分共享，具有高灵活性，通过个体利益诉求影响政策话语权。微议程首先将个体诉求进行综合、筛选和分析，并罗列一系列社会关注点较高的主题和问题，然后以清单形式呈现给政策制定者，使其针对公众重点关注和思考的社会问题方向制定行动策略，从而影响公共价值分配（图 8–2）。例如，韩国的 M–voting 移动投票系统使居民可以直接进行电子投票，对热点问题直接提出自己的意见，共同解决城市问题，打造了一种任何人都能接触和参与的信息智能微议程环境。

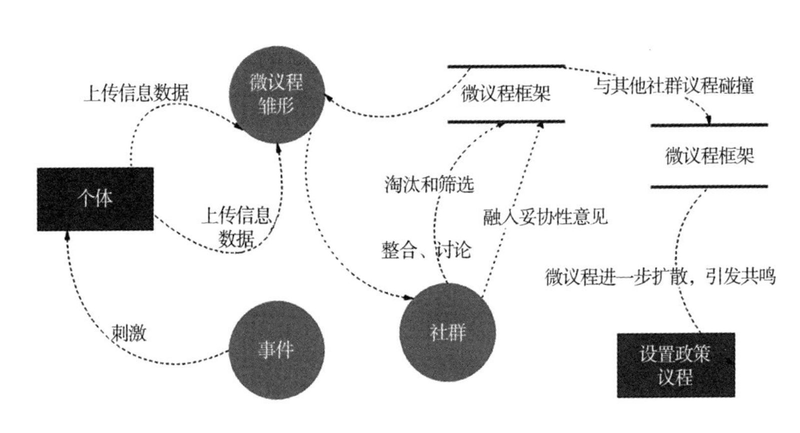


**图 8–2 微议程演化过程**

## 8.4.2 分权与授权

多元协同分权机制

多元的治理主体中每个主体都有不同的特点，合理的分工机制和法治框架可以确保各主体之间关系的平等。各主体按照法律要求，各司其职，恪守法律底线，遵守法律规则，综合运用道德、经济、教育等多种手段，按照分权原则、数据贯通和技术理性去化解分权化改革下的社会治理碎片化风险。从纵向上推动政府各级关系调整，优化政府层级间职责分工和组织架构，形成一种跨层级合作的新型关系；从横向上形成了一个政府部门之间、社会主体之间、政府部门和社会主体之间多元分权协同实施的体系，这一体系下，多元主体之间权责分明、权重恰当、权能相配，实现了业务流程高效贯通。

### 跨组织数据流动授权机制

数字政府完全数字化应用阶段最大的特点是数据有规律地跨组织边界流动，其关键指标是治理平台应用各种数据的比例、规范性和交互技术，志愿机制和数字渠道性伙伴关系机制是其中的典型。志愿机制是在外部权力结构变迁下，政府向志愿服务组织无偿转移事务性管理职能的一种方式。政府原承担的综合治理、环境保护、基础设施兴建、信息发布共享、职业指导、职业介绍、企业退休人员接收、居民养老保险、失业人员帮扶等在志愿机制下由志愿组织协助处理。志愿服务组织与政府之间的权力结构和权责匹配度不断提高。数字渠道性伙伴关系机制是一种参照企业中制造商与零售商的关系模式建立的法人政府组织与其他类型组织之间的市场关系模式，其通过统一数据规范事项标准，优化服务流程，打通数据壁垒，构建起线上线下高度融合的一体化治理服务平台，鼓励居民通过自治或志愿的形式参与社会治理。伙伴关系下的社会治理按照流程而非组织类型来运行，各级政府组织作为公共权力的掌握者授权给社区、非营利组织或企业，这些组织通过业务捆绑的形式，在完成自身原有业务的同时，暂时代表政府完成某项相关社会治理工作。

### 权利混合分配机制

权利分配的本质是资源的分配，转型期中国社会治理领域的权利（资源）分配机制是行政机制、市场机制和志愿机制的混合形态。整合与开放是权利（资源）共享机制的两大功能，权利（资源）整合就是把社区基层党组织、基层政府、社会组织、居民等多元治理主体各自拥有的数据资源集中起来，兼容文化价值、分担风险、共同参与社会治理并形成相互依赖的关系，便于科学化管理。各类社会治理主体通过运用数据、分析数据，更及时、准确地了解公众需求，在保障安全和保护隐私的前提下，构建全社会统一的共建共享数据平台向全社会开放信息，实现信息公开，构建数据资源规划、开放及分配机制，完成数据共享和开放，对行政、财政、人力等社会治理权利（资源）进行优化配置，提高公共服务质量。

### 权力清单数字分配机制

政府和基层自治组织之间的权力分配关系逐渐向社区下沉，权责匹配度不断提高。基层以清单的方式详细规定社区居委会依法依规协助政府工作事项，包括安监、城管、民政、住房、人力资源和社会保障、文体、综治、计生与卫生、残联、公安等领域，促使基层在信息收集、分流交办、执行处置、日常督办、评价反馈、督查考核的全流程、在线化闭环管理等，并制定基层群众自治组织依法自治事项清单、依法协助政府工作主要事项清单、可购买服务事项清单，以及社区工作负面事项清单和关于清单的有关说明，实现基层社会管理信息共享和业务协同。

### 整体性权利动态机制

以整体性动态治理理论反思和建构数字治理，推动政府职能转变的逻辑框架，可以使整体性治理理论体系的制度化策略更加完备，使政府行政体制改革的适应和创新能力更强、治理效果更加显著。整体治理通过跨层级、跨领域、跨系统、跨部门、跨业务的协同管理和服务联动，深度融合政府组织运作机制，解决官僚体系权力碎片化、流程碎片化、数据碎片化、管理碎片化等问题。整合治理的层级和功能，相对于数据共享而言，更加强调数据协同和协调，这一“协调—整合”机制是重塑权力运行网络化的组织基础，是一种贯穿纵横、联系内外的联动机制。

### 变革路线

社会治理数字化欠缺的已经不是技术而是数字化战略与思维。数据治理变革是利用互联网思维对原有体制和思维惯性进行改造，实现“整体政府”(Government as a Whole) 的过程。这一过程首先需要明确社会治理的目标和策略，然后规划制定系统的数字化过渡转型路线，并提供包括公共云、私有云和专用 IT 基础设施资产在内的混合 IT 环境，利用不断增长的数据存储改善公共服务、业务效率和任务绩效，解决公共服务提供中存在的问题。整体政府利用公共 IT 服务和模块化不断开发应用服务，使用户能够在任何时间、任何地点和多个设备上实现无缝访问，提升用户体验，提高社会治理效率，公民、企业和其他用户均能获得更优质、更可靠的在线服务体验。

## 8.4.3　共享与信任

### 资源共享机制

社会治理数据是最特别、最重要的资源，共享数据是社会共治的基础。资源共享机制基于多元社会治理主体对数据资源供需情况和治理目标精准调配，主要包括各治理主体及其相互间数据采集、处理、确权、使用、流通、交易等环节，具体包括与数据资源相关的制度法规和机制化运营，数据资源质量评估与价格形成，覆盖了原始数据、脱敏处理数据、模型化数据和人工智能化数据等不同数据、不同开发层级之间数据的综合交易等。例如，上海市经济和信息化委员会联合企业、科研院所、高校自 2015 年起共同创办上海开放数据创新应用大赛，通过提供海量的政府数据和企业数据，包括一卡通乘客刷卡数据、摩拜单车使用数据、食品抽检结果、企业信用平台数据、航班数据、交通事故数据等，邀请公众针对城市治理构思开发数据创意应用。

### 数据共治机制

全面而精准的数据是建立数据共治机制、提供在线服务的基础，是实现更高效能政府公共服务、满足民众需求的关键资源。通过大数据平台实现各部门数据收集、存储、整合、比对、校核、访问、查询、显示、管理和使用，保障数据的唯一性、准确性和交换共享，提高数据资源的政策分析价值。鉴于此，各地加快数字化转型，打造智能化政府，建立了行政务云平台、政务数据体系、城市物联感知体系等新型数字政府基础设施，构建了“用数据说话、用数据决策、用数据管理、用数据创新”的新型政府（图 8–3）。例如，浙江“最多跑一次”注重“每一件事”的全流程数据共享和业务协同；广东“数字政府”以“理念创新 + 制度创新 + 技术创新”推进各级政府部门政务信息化的职能融合、技术融合、业务融合与数据融合；江苏“不见面审批”以“八统一”打通各级各部门业务办理系统，推进部门协同办理，让数据多跑路、群众少跑腿；上海的“一网通办”是一个总门户“管总”，线上线下推动网络融合，实现全市通办、全网通办、单窗通办。

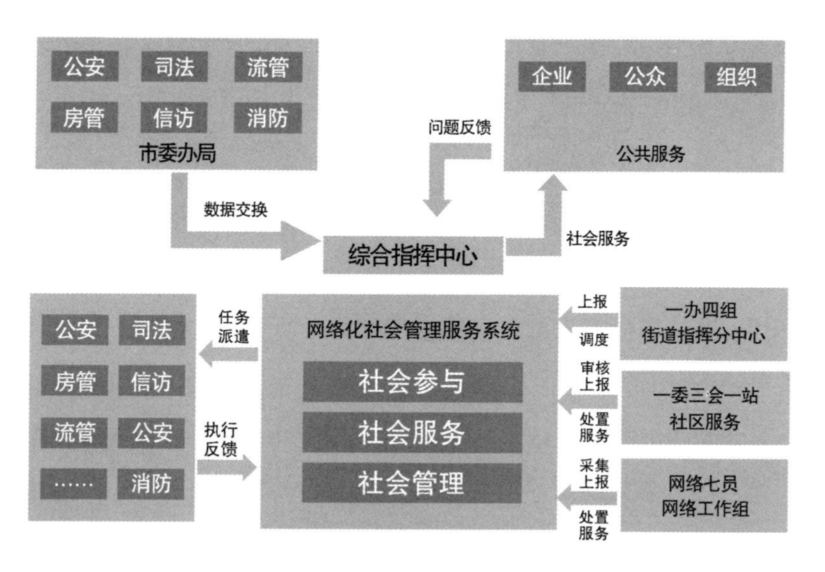


**图 8–3 社会治理数据共治机制模型**

[资料来源：杨学成，许紫媛．从数据治理到数据共治——以英国开放数据研究所为案例的质性研究 [J]. 管理评论，2020，32(12):307–319.]

### 互信与公共承诺机制

互信与公共承诺机制是各治理主体间消除隔阂和误解，实现共建共治共享的基本条件。基础网络、数据中心、云服务平台等同步规划、同步建设、同步运行网络安全设施，强化对算力和数据资源的安全防护、风险识别与防护、数据脱敏、数据安全合规性评估认证、数据加密保护机制及相关技术监测等，能够应对高级威胁攻击，严格落实网络安全法律法规和政策标准，保证各项业务在线安全运行。更重要的是多元治理主体之间最终达成共识性承诺，需要各主体共同制定社区治理的目标和任务，然后进行分工和资源分配，在计划、决策、实施等过程中平等合作，并最终共同分享成果。例如，质量码平台基于区块链接技术汇聚了由不同责任主体上传的全要素质量数据，涵盖产品溯源、质量信用、产品标准、产品检测、质量保障等数据，通过平台确认可信数据，并链接政府、企业、消费者多方，建立起透明、互信、完善的质量信任关系和质量共治体系，赋能社会信用体系建设中的企业主体，推进质量信任与质量共治，在服务于政府市场监管、企业效益提升、消费者权益保护方面意义重大。

以腾讯公司、中国网安、北明软件等联合发布的“至信链”为例，其基于数字文化内容场景的司法应用生态服务平台，通过连接企业、司法机构、司法辅助机构（公证处、司法鉴定中心等）在内的多方主体，实现对原创作品的确权、存证和维权。用户仅需将原创作品上链，即可存证并用于后续校验，也可通过向版权局申请证书并上链。至信链的侵权监测中心能够实现侵权行为的检测，并且能够将侵权证据上链，同步至执法机构，实现快速校验，快速执法。

### 共享信任机制建立程序

建立信任机制，首先要改变各主体的认知。政府需要明确自己在社会治理中扮演的角色，承认并尊重其他主体的治理地位，支持各主体积极参与社会治理，明白政府不是“全能政府”，需要与其他主体通力合作才能有效治理社区；其他主体尤其是社区居民也要改变对政府的认知偏差和刻板印象，积极主动地参与社会治理。其次要建立信任制度，只有制度才能管根本，制度安排通过对互信关系的制度化确认将各治理主体的行为规范化，并形成协同治理的有序性和规律性。最后要强化各主体间的互动。信任机制需要催生并维持这种多向、持续、动态的治理互动，使之在社会治理过程中得到强化，累积各主体间的信任，并且在互动中需要各主体进行平等对话，合法合理地进行利益表达。

### 8.4.4 监督与评价

#### 考察和评价

社会治理具有治理主体多元化、权力界限明晰化、功能取向社会化、政府行为民主化等基本特征，其将解决群众诉求的响应率、解决率和满意率作为重要考核指标，合法性、公共性、回应性、便利性、经济性等指标是其考察和评价的基本依据。建设考评机制，将数字治理机制建设纳入绩效考核范围，增加有关数据共享和数据开放的评价指标，有利于提升政府部门及其工作人员协同配合的动力，早日形成跨部门、跨地区数据资源共享、开放的格局。

政策制定过程往往要权衡各方的利益、偏好、价值，测量不同利益相关方的情感偏好，为政策制定提供情感信息。政策周期模型展示政策过程，由政策问题、政策议程、政策决策、政策执行和政策评估等连续但独立的决策环节组成，大数据技术可以缩短政策周期的流程，并借助即时数据将评估应用于政策周期的每一个环节，从而影响政策周期和政策评估。政策评估作为验证政策执行效果和判断政策发展方向的重要手段，从传统的以数理方法和模型的实证本位向价值本位方向转变。大数据技术为政策评估提供了充分的指标信息，并对政策执行的价值进行规范化，其主要表现在大数据对于政策问题的建构演进，通过个人价值差异凝聚出公众价值共识。政策绩效以公共价值为核心，其产出和初始目标一致。此外，大数据技术对于政策评估的迁移，并非等到政策执行完成后，而是对政策活动的每个阶段全量信息的有效提取和及时评估，包括政策问题构建前的执行效果预评估等，可以借助完善的数据信息避免预设的“偏见”，与利益相关者进行反复论证、批判、分析和协商，使评估者和利益相关者达成问题共识。数字治理带动社会治理及基本公共服务均等化制度改革、商事制度改革，行政管理体制、机构、职能等方面的创新，“权力清单”网上运行，法治政府建设加快推进，信息共享和数据开放促进了行政管理资源有序高效调配，建立社会、组织等专业的第三方评估制度成为政府绩效考核新常态（图 8-4）。

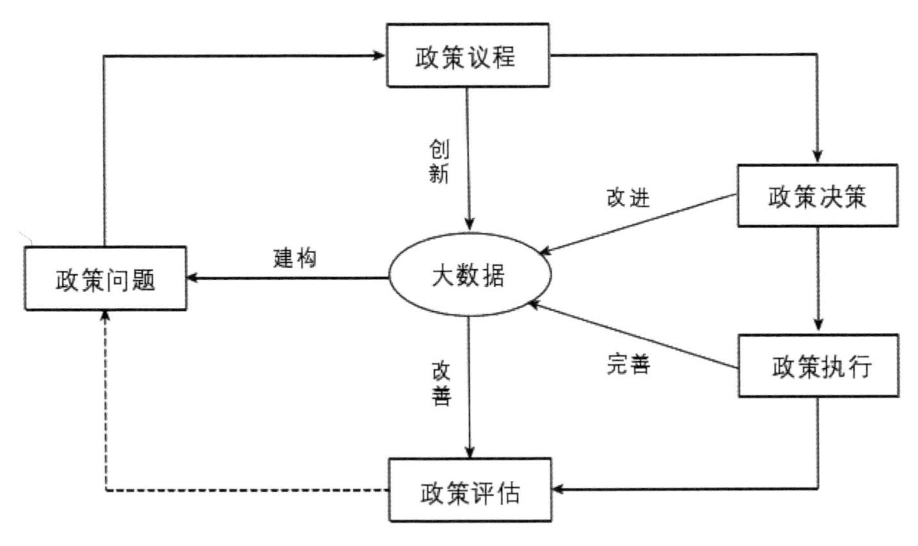


图 8-4　政策制定过程中的信息关系图景

## 数字监督与追溯

在社会治理的信息管理中，区块链以其去中心化、公开透明、完全基于规则、分布式、难篡改、可溯源等特点被广泛应用于应急物资调度、慈善捐赠和食品安全追溯，以及身份认证管理、信息确认、供应链、信息采集确认等场景。尤其在疫情防控中，有关疫情进展、防疫知识等信息相关的谣言、虚假知识甚至阴谋论在网络上广泛传播，混淆视听，易造成恐慌。但是官方为确保信息真实、准确，发布信息前会多方求证、层层把关，导致信息滞后。智链万源上线信息发布战“疫”平台等基于区块链平台，对于抑制谣言与虚假信息的传播发挥了较大实效。区块链的分布式技术帮助多组织间协同，基于区块链的共识机制对于拟发布信息能够实现多部门、多单位快速验证，通过智能合约，根据提前置于其中的公共信息发布流程自动执行有关信息发布的操作，大大提升发布效率，并且区块链可以对链上信息进行存证，几乎不可能篡改，这样就可以对信息源和传播途径进行追溯，并根据存证记录追责。

### 舆情跟踪及干预

舆情跟踪及干预系统可以对采集到的数据进行语义分析、文本挖掘、情感判断，完成数据统计并提供自动预警功能，可在系统中设置想要进行预警的条件，对转办的相关隐患整治工作设定办理时限，对未完成整治的事项进行提醒。系统提供危机跟踪功能，协助制定相应的应对策略，对转办任务的处理部门进行督办，同时比对转办、督办的办理时限要求。系统可根据排查上报结果对数据进行统计分析，将舆情分析结果、舆情危机情况通过图表等形式展现。系统还可从及时性的角度自动完成预警、考核、排查隐患类型统计、隐患列表统计，排查整治台账、整治周报表等功能。

### 数字政府成熟度模型

数字政府的发展一般包括初始、发展和明确 3 个阶段。数字政府成熟度模型是利用在线服务率、政府数据开放率、治理程序开放及应用量等指标对数字政府发展程度进行评估的模型。其中，在线服务率主要参考服务承诺及效率提升两个指标，是数字政府初始阶段评估的关键指标，以电子政务为典型代表。初始阶段的优点是直接面向服务的架构设计，将社会治理服务从线下转移到网上，方便用户和节省成本；缺点是数据及其用途孤立且有限。政府数据开放率主要用来评估数字政府的发展阶段，主要参考系统的透明度与开放价值，其特点是直接面向用户开放数据和开放服务。发展阶段作为过渡常与电子政务阶段共存，两者的区别在于领导和优先次序不同。治理程序开放及应用量作为数字政府明确阶段评估的关键指标，其特点是以数据为中心，从战略高度设计和实现政务数据的主动探索、收集和利用。

### 8.4.5　应急机制

#### 全媒体传播

近年来，大数据、云计算等技术被运用到全媒体采编平台之中，移动直播、短视频、H5应用等技术在采编制作环节普遍采用，虚拟现实（VR）、增强现实（AR）等技术从无到有。媒体融合发展形成全媒体传播体系，包括各种性质媒体在内的多元体系，成为大众传播、群体传播、组织传播、人际传播交叉叠加的复杂网络，使信息无处不在、无所不及、无人不用，深刻影响社会治理。在传统社会治理体系中，媒体主要发挥信息传播功能。全媒体传播体系并非仅为信息传播，其已经具备政务服务、群众诉求表达、电子商务、在线教育、在线医疗、在线娱乐等与社会治理紧密相关的功能，充分运用好全媒体传播有助于更好地实现幼有所育、学有所教、劳有所得、病有所医、老有所养、住有所居、弱有所扶，有效加强和创新社会治理。全媒体传播体系作为“信息桥梁”，宣传党和政府社会治理的思路和举措，进一步畅通公共服务供需交流渠道，及时准确把握人民群众的公共服务需求，有针对性地满足人民群众多层次、多样化需求（图8-5）。

#### 疫情传播与发展态势数字建模

人工智能技术通过敏锐感知能辨别好坏、快速反应、快速抵抗、提高对外部冲击的韧性，并获取免疫力和在受冲击中思考学习的能力。例如，利用复杂数学模型与新计算机技术相结合，依据不同重大传染病、食物和职业中毒或其他不明原因群发性疾病等突发的、可能严重影响公众健康的公共卫生事件传播或发病机理，建立考虑潜伏期的恶性传染病SEIR模型等不同数学模型。疫情防

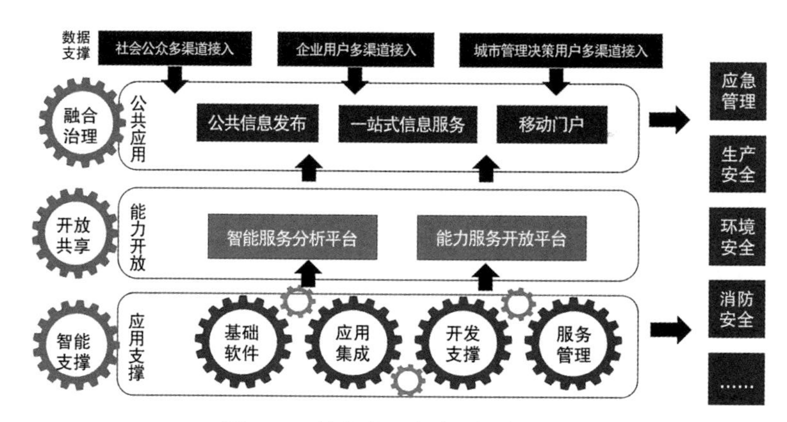


图 8-5　社会治理安全云服务平台

（资料来源：应急管理部研究中心）

控数据模型按照疫情确定刻画模型对应的特定传播风险技术指标，通过多途径获取准确、及时、有效、多元化及可交叉验证的数据，对数据模型对比分析预测疫情发展与风险，并给出疫情传播和发展路径、风险控制顶点和拐点，以及各种态势下可能的感染、受伤和死亡人数等相关技术指标。此外，利用新型 AI 算法及算力优势有效解决疫苗／药物研发周期长、成本高等难题，在化合物筛选、建立疾病模型、发现新靶点、先导化合物发现及先导药物优化等环节减少重复劳动与时间消耗，提升研发效率。

## 参考文献

[1] 翟云．重塑政府治理模式：以“互联网＋政务服务”为中心[J]. 国家行政学院学报，2018（6）：128−132，191.

[2] 吴克昌．政府数字治理加速公共服务变革[N]. 中国社会科学报，2019−11−29（7）.

[3] 杜超，赵雪娇．基于“政府即平台”发展趋势的政府大数据平台建设[J]. 中国行政管理，2018（12）：146−148.

[4] 钟伟军．公民即用户：政府数字化转型的逻辑、路径与反思[J]. 中国行政管理，2019（10）：51−55.

[5] MA J, DEDEO S.State power and elite autonomy in a networked civil society: the board interlocking of Chinese non-profits[J].Social networks, 2018, 54: 291–302.

[6] MA Y X, LI G, XIE H, et al. Theoretical thinking on city profile from the perspective of digital space[J]. Journal of the China society for scientific and technical information, 2019, 38 (1) : 58–67.

[7] 刘昊，张志强．文献计量视角下政策科学研究的新方向——从政策量化研究到政策信息学[J]. 情报杂志，2019，38（1）：111，180–186.

[8] 何晓斌，李政毅，卢春天．大数据技术下的基层社会治理：路径、问题和思考[J]. 西安交通大学学报（社会科学版），2020，40（1）：97–105.

第9章

# 公共资源数据治理：不同层级的均衡化发展

供给与需求不匹配是当前我国公共服务领域存在的主要问题。现有的养老服务和设施难以满足老年人的需要；医疗资源短缺，医院人满为患；教育资源不均；大城市交通拥堵严重，出行困难等都是公共服务资源不均衡的表现。“大智物云”（大数据、智能化、物联网、移动互联网、云计算）的实施推动了公共服务供给机制的变革，重塑了公共服务供给模式，开启了以数据治理为中心的新模式。数据治理模式通过转化服务思维、需求识别、服务流程再造、提供精准服务等方式驱动公共服务供给模式的优化。

## 9.1 政府服务

### 9.1.1 政府服务需求

#### 需求识别

当前公共服务的供给困境，实质上在于缺少对公众真实需求的识别。大数据时代信息获取相较以往更加便利，公众也会主动获取信息并进行分析。数据治理为基本公共服务供给侧改革提供了深入公众行为数据中去识别公众基本需求的理念，直接获取互联网上海量的用户行为数据，对数据隐含信息进行挖掘和分析，通过深入公众行为来分析社会需求，以社会需求作为供给决策的依据，从而增强了基本公共服务供给对公众真实需求的辨识度。大数据技术突破了传统的社会调查研究方法的弊端，跨越了时间、空间的限制，通过搜集尽可能多的信息，从庞杂的数据中找出事物间相关关系，为政府在公共服务的前瞻性预测方面提供科学依据，使得数据运用实现了从被动回应到前瞻性预测的转变。通过识别公众日常生活消费和基本公共服务支出等方面的行为数据，政府主体可以快速准确地定位现阶段不同区域公共服务在数量、范围、质量、成本等方面的现实水平，全面反映现阶段不同区域的社会经济发展水平和公众基本公共服务需求偏好，从而有助于实现基本公共服务资源与区域发展需求之间的匹配。

#### 信息资源协同共享

效率是衡量政府工作的重要指标，也是政府数据共享的内在动力。政府数据开放平台为行政机关和公众之间的数据共享提供了便利，在实现公共利益方面可以为行政机关提供行政依据，同时数据具有的资源特性可使之被反复利用。政府数据共享的功能定位是实现政府数据资源的充分利用，减少行政相对人的证明提供义务，以便于做出更加科学合理的行政决策。大数据使得行政主体能够在提供公共服务的过程中精准地采集到元数据，从而建立数据集、数据库和数据群，以此为基础搭建信息协同共享政府平台。

### 9.1.2　政府服务供给

#### 服务流程再造

“互联网＋政务”是以大数据为核心，运用信息技术手段，对互联网上社会群体与政府治理相关的各项数据信息进行整合。通过开发政务 App，各地政府相继开启指尖上的政府办公模式，政务 App 已经成为移动互联网时代政务服务的新形势之一。“互联网 +”为政府提供了便利条件，可以让广大群众进行线上业务办理，更好地行使政府的管理和服务职能，更方便有效地收集数据来进行管理和分析，将分散的数据进行汇总并分享，有助于信息通达，建设更全面的服务。阿里巴巴等互联网集团相继启动“互联网 + 城市服务”战略，为政府提供一站式解决方案，打造城市服务平台，实现更加高效和便捷的便民公共服务。

#### 精准响应与精准供给

人工智能赋能的公共服务正在形成一整套以“促进数据流转”为核心特征的创新模式和“政府、企业、公众”三方共创的工作机制，核心是利用人工智能技术，针对服务数据进行创造、共享和开放，进而提升公共服务效率。同时，跨部门、地区、行业的数据流动为政府管理提供有力的工作支撑和决策辅助，有助于提升公共服务质量。公共服务精准响应平台是以海量需求数据为导向，整合各类数据信息服务资源，充分发挥供给、需求和第三方等主体间合作、协同、沟通等优势，提升服务精准供给水平和质量的需求导向型平台。其通过泛在网络、在线获取、菜单式服务，寻求差异化、个性化甚至定制化的公共服务供给，使公共服务更具“锚向性”；通过及时匹配公共服务供需信息、自助获取公共服务，从而解决信息快速处理与资源及时匹配等原有技术上的困难，使公共服务更具匹配性；通过数据挖掘、发掘相关对象的公共服务需求，结合云服务平台实现政府与民众公共服务供需的双向互动，使公共服务更具精准化。

## 9.2 公共养老服务与资源

### 9.2.1 养老资源需求

#### 传统家庭养老、社区养老、机构养老

我国老龄化问题日趋凸显，2019 年，中国 65 岁及以上人口比重增至

12.6%，预计“十四五”时期中国将进入中度老龄化社会，因此，建设智慧型健康养老产业的需求也更加迫切。养老问题目前存在以下难点：第一，养老资源有限。留守老人、空巢老人等特殊群体比重逐年增加，现有的养老院、福利院等资源已经不足以满足老年人的需求，同时对于老年人的医疗救助、资金救助等方面也有限，导致出现看病难、养老难等现实问题。第二，养老责任不清。随着房价和物价的快速增长，对于年轻人而言会面临就业压力大、工资难维系等问题，尤其是独生子女家庭更是会面对赡养4个老人的困境，导致出现子女无力赡养等问题。第三，养老管理不细。现在的养老院大多缺乏精准化的养护细则，尤其是对于老人的一些精神需求无法满足，同时在配套设置与基础建设上缺乏有效管理，整体养老环境不佳。第四，养老隐患较多。首先，老人独居在家一旦出现生命危险，很可能无法得到及时的救治；其次，老年人年事已高，会出现忘记断火断电等状况，造成极大的安全隐患；最后，老年人长期独居在家，由于腿脚不方便等问题缺乏与外界的沟通与交流，精神上缺乏关爱和呵护，进而可能造成心理疾病。

### 9.2.2　养老资源供给

#### “互联网+”实现养老互融互通

“互联网+养老服务”的核心是将互联网和养老服务业整合起来，以信息流带动养老服务，实现互联网、物联网、移动通信网的三网融合，并与社区居家养老结合，发挥互联网的优化和集成作用，促使社会各方资源进入养老服务业，建立信息资源共享、业务协同和服务高效的社区居家养老服务供给体系。互联网平台为老人提供更加多样化、便捷化的养老服务，运用互联网技术对老年人的信息、需求等进行数据汇总和分析，通过智能手环等技术方式将互联网技术匹配到人，子女可随时获取老人的信息。同时，老人还可以根据需求从网上自主获取服务，在节省部分资源的同时，“互联网+”模式可以提供更精准的服务，满足老年人的多样化需求。

### 优化社区养老配置

在人口快速老龄化、家庭规模日益小型化和养老机构发展不足等多重因素的影响下，发展社区养老成为一种必然选择。但是受到了一些问题的制约：第一，信息交流不畅导致供需不匹配；第二，资源配置不到位，社会化程度低；第三，服务管理效率低，服务人员欠缺。

互联网的信息集成功能为每名老人建立电子档案，结合工作人员的线下走访，便可掌握社区老人的基本情况和主要需求，从而为社区调配服务资源。利用手机 App 平台，老人或子女通过移动互联网终端实时搜寻社区养老服务提供情况，进行点单式服务，并可随时将养老需求上传，由养老服务中心统一安排。"互联网 +"模式通过将服务设施集中到养老信息中心平台，对其进行分类，根据老人的经济条件和需求状况主动推送服务；通过与医院、社保、民政、家政等联网，实现信息的及时互通。由于实现了信息渠道畅通、资源配置优化及管理效率提升，"互联网 +"还可以丰富老年人的精神生活，提高医疗保健水平，通过建立老年社交平台，让老年人彼此分享、互相交流，组织老年活动以满足精神需求。

### 虚拟养老院

虚拟养老院是基于居家养老的社区信息服务平台，以社区为主导，联结社区卫生机构、家政服务机构、社区福利机构，利用互联网、云计算、大数据等技术，联结物联网，开发社区养老服务虚拟平台、智能终端设备、App 应用等，提供远程提醒和控制、自动报警和处置、动态监测和记录等功能的养老服务平台。对比传统的养老院经营模式，虚拟养老院在轻资产、重服务方面更有优势：一是可以缓解养老机构一床难求的困境；二是老人可以在熟悉的环境中安度晚年；三是养老机构的日常生活比较程式化，老人的作息安排、饮食起居相对比较固定，而在家养老则更加个性化和舒适化。

### 共享养老

将共享经济理念与思路带入养老产业，可以克服社区居家养老产业的供给困境，形成供给方之间、供给方与需求方之间、需求方之间的双边多维共享机制，实现社区居家养老产业的“协同化”“精准化”“分享式”“专业化”“有序化”发展。共享养老强调各养老主体之间的合作关系，整合养老资源，以老年群体的“共享消费”意识提升为基础，一方面，社区居家养老产业转变传统销售思路，发展老年用品“租赁”业务，如“共享轮椅”“共享康复仪”等，以降低老年需求者的使用成本；另一方面，老年人可通过中介平台转让、转租或转借个人的部分闲置物品。在“共享”情境下，所有权并非老年消费者的最终需求表达，而是获取一定时期内的商品或者服务的使用权，以满足即时需求。社区居家养老产业的“共享消费”观，可使养老资源物尽其用，减轻老年人经济负担，同时拓展社区养老产业的业务范围，增加养老企业的利润增长点，也带来了资源节约、社区互动、社群互助等社会效益。

### 精准智能

智慧养老“物联网＋大数据”平台是一个综合性的信息聚合平台，也是一个开放式的能力共享平台，它是养老服务机构、老龄事务管理部门和老龄人群的业务连接桥梁。一方面支持各类养老服务业务系统的快速部署，并跨领域接入物联传感设备；另一方面支持多元异构信息的清洗、融合和存储，通过挖掘分析和基于神经网络的机器学习产生新的数据价值。智慧养老“物联网＋大数据”平台可以面向各类不同的养老服务机构提供具有实时性、移动性、综合性特征的泛在信息，以及基于这些信息融合产生的新的知识和智慧，使老龄人群获取更加智能、主动和定向的服务。

# 9.3 公共医疗服务与资源

## 9.3.1 公共医疗需求

### 医疗资源配置

医疗资源的不合理布局主要体现为地区间和不同医疗机构间医疗资源分布的不均，医疗资源利用呈现碎片化趋势。现有的医疗资源配置结构使得三级医院拥有更为优质的医疗资源，但由于缺乏资源共享及人员共享机制，致使医疗资源向基层下沉这一政策在操作上存在一定困难，资源利用效率低下。在现实利益分化下，大医院在影响医院收入、医保支付与财政补助的情况下，很难放弃利益，将医疗资源和门诊量让给小医院，这也影响了双向转诊的实施。因此，医疗卫生服务体系碎片化制约了医疗资源的整体效率实现。

## 9.3.2 公共医疗供给

### 健康码

健康码是一个实时追踪居民健康状况、掌握重点人群出行轨迹的软件，作为一种便捷、高效、可实施性强的数字化防疫抗疫措施，健康码在全国范围内迅速推广使用。它依托主流应用程序，实现线上采集信息授码，线下核验信息扫码两个主要功能，对公民健康状况、体温、重点地区出行记录进行数据采集，构建起公民信息和疫情防控大数据库，通过系统后台制定分析规则、数据比对等方式，依据已确诊人员及其密切接触者信息、地区风险程度及个人在疫区的流动记录等信息识别出高危人群，为科学防疫提供支撑。在大数据背景下，利用健康码等数字化手段，每一次扫码行为都会标记操作人的地理位置信息，信息平台可根据时间、空间等顺序，完整高效地绘制出人员出行轨迹画像，方便进行后期的追溯和管理。

## 区域卫生信息化平台

基于大数据的医疗信息共享机制需要实现跨区域、跨部门、跨层级的互联互通，并且接入国家级信息系统实现数据交换，使医疗机构的职能和信息传输路径分离，形成扁平化的医疗信息传输形式。大数据医疗信息共享机制主要由医疗信息的采集平台、协同平台数据中心、分析系统和应用系统 4 个部分组成。

医疗信息采集平台广泛采集来自基层卫生医疗机构、公共卫生机构、大型综合性医院的医疗数据，充分整合社区卫生机构信息系统、区县医院信息系统和中心医院信息系统，并且与卫生医保、疾控中心、商业保险等部门的信息系统互联互通。

医疗信息协同平台数据中心将采集到的各种医疗信息分门别类，采用人工智能分析方法，形成包括电子化病案、医学图像归纳和通信系统、实验室信息系统、医院信息系统等多个子项目的复合信息系统，整合其他行业的综合型业务数据，结合分布式文件存储技术和区块链技术，建立一套信息互信机制，使用搜索算法和建模技术高效存储相关信息，实现数据存储标准化、数字化、智能化。

医疗信息分析系统应用影像识别、语意处理、人工智能等技术对医疗数据进行分析挖掘，形成健康医疗大数据应用和分析模板库，实现了对数据进行整理挖掘的功能，使得医疗信息不仅能够被调阅，而且能够为疾病提供辅助诊断，发现疾病规律和治疗规律，并为应用系统提供信息基础。

医疗信息应用系统包括影像辅助诊断、病历辅助诊断和全科辅助决策等，可以减少医生重复性工作，向医生提供更多信息，有利于制定最佳治疗方案；可以给出诊疗建议供医生参考，提高基层医生的诊疗效率和诊疗质量，提高医疗资源利用效率。

## 9.4 公共教育资源

### 数字图书馆

数字图书馆 (Digital Library) 是用数字技术处理和存储各种图文并茂文献的图书馆，实质上是一种多媒体制作的分布式信息系统。数字图书馆利用微信的社区功能为读者提供发表意见、分享读书感悟的空间；利用现代信息技术，通过网络进一步拓展服务半径，为更广泛的社会公众提供信息服务；针对不同网络平台的特点，及时调整与优化服务形式与服务内容，通过社交平台了解读者需求，主动推送服务；提供高质量音视频鉴赏服务。

场馆型 24 小时自助图书馆也可称为空间型 24 小时自助图书馆。它不同于 ATM 机式的图书馆，有阅览座椅、图书架等设施、设备实体。场馆型 24 小时自助图书馆是在一个实体空间内，配置图书检测设备、视频监控、门禁系统、自助借还机、监控仪、报警系统等辅助设备的城市阅读空间。

### 专递课堂

专递课堂是实现义务教育优质均衡发展的重要途径。通过信息技术手段突破时间空间的限制，将优质学校的教育资源与教育薄弱地区共享，可以有效缓解教育薄弱地区不能开齐、开好、开足国家规定课程，优质教育资源缺乏，教学水平参差不齐，教师专业发展受限、队伍不稳定，学生不能就近享受优质教育等问题。通过专递课堂的录播设备一方面可以实现同步教学；另一方面可以实现同步教研。

同步教学是指主讲校名师与主讲校学生进行面对面教学，开展情境创设、知识讲授、实时互动、课堂组织、作业布置、点评反思等教学环节。在情境创设和知识讲授环节，互动点学生同步听课，与此同时，互动校教师要同步板书，同步指导。课堂互动环节则根据具体教学内容和学生情况，可以共同开展，也可以分别开展。在课堂组织、作业布置、点评反思环节，各课堂单独安排。互动校教师针对本班学生特点给予针对性的辅导。在同步教学环节需要注意的是：主讲课堂和互动点课堂要实现同步板书、同步练习、同步指导，增强互动点班级的教学情境性，给学生更多代入感和针对性指导。

同步教研是指在主讲校和互动校开展同步教学时，没有授课任务的教师可以通过录播设备同步听课，观察课堂开展效果，点评反思，为课后研修、优化教案做准备，同时提升自身教学水平。

### 教育资源公共服务平台

搭建配套的公共服务平台可以引导政府、市场科学运转，一方面，其能够提供相对平等的教育公共服务，给予不同地区民众相对均等化的教育资源，力求促成社会福利的最大化；另一方面，学生及其家长基于自身的发展需求，又可以通过购买的方式使教育公共服务获取相应的经济收益，令市场能够为消费者提供更为丰富、高效的教育资源。

借助公共服务平台，教育资源提供方能够实时依据市场动态，利用价格机制去调节在教育公共服务上的投资，对应调整现有的资源配置方式，对接市场需求、突出就业导向，规避不必要的投资与资源浪费，使整个教育公共服务体系更高效运转。

搭建公共服务平台还可以促进教育资源共享和均衡分布。借助政府、市场两只手进行运营，使教育人才、资金、物质、信息等资源实现相对均衡的分布，使不同地区的民众都能享受到优质的教育公共服务，而不再仅仅局限于经济发达地区、特定地区的民众。这就能够在很大程度上缩小不同经济发展地区的教育差距，促进教育公共服务在各个地区之间的均衡覆盖，从而推进教育公平。

### 互联网均衡教育资源 MOOC

大规模网络公开课程（Massive Open Online Course，MOOC）是指通过互联网获取的、没有用户上限的大规模网络公开课程，通常包括课程视频、课程读物、课后测评等内容，有些课程还建立用户互助论坛，在学生、老师、教辅人员之间搭建互动平台。不同于传统的“世界名校公开课”，MOOC不只是单向输出的课堂录像，而是一套需要用户互动的完整教学流程，其将大学课程、社交网络、在线资源整合起来，需要用户有较高的数字信息素养，能够借助网络资源自主学习。

# 9.5 公共交通资源

## 9.5.1 交通资源需求

### 交通拥堵

中国城市群现已基本形成了以核心城市和主要大城市为中心的交通网络，但是城市群内的城市之间没有形成协调发展机制。由于社会经济发展水平相差大，公共交通发展也呈现很大的差异。从京津冀和长三角城市群的公共交通发展情况来看，无论是资源供给还是客运总量方面，都表现出明显的差异。城市群公共资源的非均衡性将制约城市群的整体发展能力，从而影响城市群交通一体化和基本公共服务均等化目标的实现。

## 9.5.2 交通资源供给

### 大数据优化交通资源配置

大数据可从两个层面优化城市交通资源的配置：一是宏观的配置决策层；二是微观的交通出行层。在配置决策层方面，城市交通资源是城市的公共资源，有较强的公共属性，应主要靠政府而非市场来配置，这就需要相关职能部门做好顶层设计、统筹规划、科学决策，兼顾公平与效率，避免资源重复与浪费。但是，受主客观条件的影响，传统的城市交通资源配置决策往往是经验决策与小数据决策，其结果缺乏对动态信息的准确把握和真实数据的有效支撑，造成一定的决策偏差。

在交通出行层方面，大数据背景下的数据采集不再受时间与空间的限制，与传统的信息处理方式相比，大数据的交通信息处理具有高效性、便利性、准确性、共享性等特征，可通过数据算法对无章无序的海量数据进行规律化处理与趋势化分析，从而准确了解城市的交通状况，为科学化交通出行提供依据。并且，当下的智慧交通建设所依托的大数据技术在提高交通空间利用率的同时，还可通过多种传感器对交通信息进行勘测与采集，进而大规模、高速地进行数据统计，为可视化交通出行提供参考。有了可视化的实时交通路况，出行者就可以通过手机终端对所需路径进行路况查看，明确交通路况趋势，酌情选择出行方案，减少出行的不确定性，缓解出行交通拥堵压力，实现交通出行资源的优化配置。大数据改变了传统的依靠基础设施投入或依赖外在的土地资源来提高公共交通服务能力的情况，主要通过提高信息资本的利用率来均衡公共交通资源，从而实现优化配置。

### “互联网＋交通”

随着各种“互联网＋交通”的新业态不断涌现，行业内出现了大量丰富的数据资源。城市交通信号控制作为道路交通正常运行的重要保障，其配时设置的合理性将对路口交通状况起到至关重要的作用。另外，网联车辆轨迹数据越来越可靠，包括车联网、电子导航和滴滴等出行平台的数据。车辆轨迹数据可以用来缓解或消除基于基础设施的车辆检测器需求，并且可以用于建立基于车辆轨迹的信号控制系统（图 9–1）。

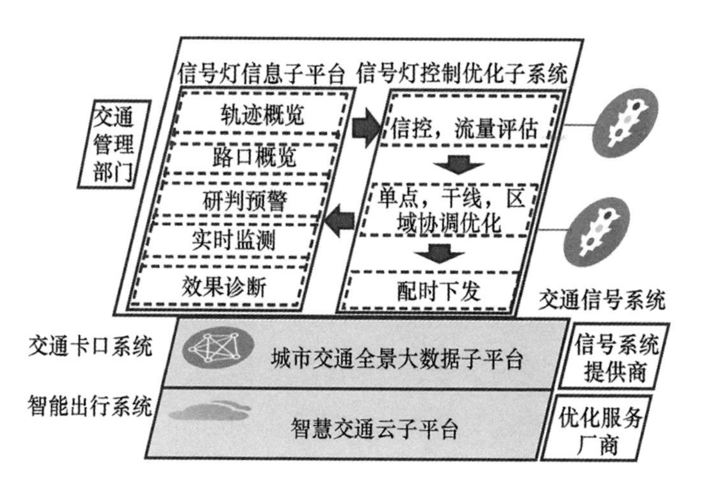


**图 9-1　基于网约车轨迹大数据的智慧交通信号控制系统**

[资料来源：张博，庞基敏，章文嵩，等．互联网大数据技术在智慧交通发展中的应用 [J]. 科技导报，2020，38（9）：47-54.]

信号灯信息控制平台是智慧信号控制系统的直接应用界面，实现对信号配时方案的实时在线可视化跟踪分析评价，为后期优化交通管理提供数据依据。平台基于大数据技术对网约车覆盖的全量路口扫描，分析出畅通、缓行和拥堵路段的信号灯，并分析其拥堵状况与信号灯的关联。同时，平台还可对已优化的信号灯提供实时分析功能，监控评估优化后的效果，为交通管理部门提供全周期智慧信号灯的管理。网约车平台由于运营需要，会按照一定时间间隔收集车辆位置及速度信息，相当于一种移动式交通信息采集器，且数据量巨大。智慧信号控制系统使用基于网约车轨迹数据的干线协调相位差优化方法，实现干线信号控制的协调，该方法直接基于所获取的轨迹数据，对不同相位差情况下的轨迹变化情况及其停车次数进行预测，并以协调方向总停车次数最少为目标，建立干线相位差优化模型。

## 交通一体化协同联动平台

交通一体化联动平台通过多种交通大数据的结合，根据各网络交通平台不同的侧重点，建立一条集交通感知、数据分析、信息发布、出行方案解决于一体的生态链，从政府层面整合社会资源，打破各平台之间的壁垒，形成“人、车、路、环、管”各个方面的友好互动，更加精准高效地服务出行者，扩展大数据来源渠道和信息发布渠道。

在信息情报主导的基础上，在公安交通指挥中心建立大局支撑的协同联动平台，对交通信号控制、路面警务执法、信息发布诱导等多种交通管控系统进行统一调度，从区域路网层面实现交通拥堵的均衡疏解。协同联动平台既要实现多源数据的规范接入汇集、路网及管控层面的评估诊断、拥堵和时间重要情报生成、信号与管控策略生成等大脑层面的工作，也要协调情报主导下的交通疏堵工作，主要通过4个角度来实现协同联动：交通控制、警力调度、交通诱导、车辆网服务。

## 出行即服务

针对日趋严重的城市交通拥堵问题，欧洲提出了出行即服务理念（Mobility as a Service，MaaS），其定义如下：通过电子交互界面和管理交通相关服务，将各种交通方式的出行服务进行整合，以满足各种出行需求的交通系统。使用者可以通过单个账户获取全体交通模式的整合统一，并利用大数据进行综合决策后给出的出行建议，与此同时，通过唯一支付渠道进行支付。

MaaS的产生代表了一种从对交通工具的私有化占有到将出行作为一种服务需求的转变。MaaS的核心宗旨是基于用户的出行需求提供更为完善的解决方案。它主要具有以下4个方面的特征：

一是共享化。共享化是MaaS理念的核心部分，即注重交通整体提供的服务而不是对车辆的拥有；与此同时，数据的共享也是其重要内涵，作为城市的交通使用者，不只是交通服务的受益人，也是交通数据的提供者与共享参与人，通过共享数据来优化整个出行服务系统。

二是一体化。MaaS将各种可选的交通方式高度整合，以统筹交通、综合管理的模式统一调控交通需求，使用者可以通过一个账号进行支付购买，实现支付系统的一体化。

三是人性化。以人为本，不仅提供更可靠、运营速度更快、拥挤度更低的交通形式，还提供实用舒适、实时更新、无缝衔接、安全便捷的交通全服务。

四是绿色化。MaaS 有效提高了运营效率，扩大了绿色出行比例，进而促进节能减排，减少私人交通工具的出行比例。

## 参考文献

[1] 刘新业．“互联网＋政务”助推政府打造“智慧城市”新平台[J]. 才智，2016（4）：268.

[2] 王凯，岳国喆．智慧社区公共服务精准响应平台的理论逻辑、构建思路和运作机制[J]. 电子政务，2019（6）：91–99.

[3] 李长远．“互联网＋”在社区居家养老服务中应用的问题及对策[J]. 北京邮电大学学报（社会科学版），2016，18（5）：67–73.

[4] 屈芳，郭骅．“物联网＋大数据”视阈下的智慧养老模式研究[J]. 信息资源管理学报，2017（4）：51–57.

[5] 谭华伟，于雪，张培林，等．智慧医疗发展的国际经验及其对我国的政策启示[J]. 中国循证医学杂志，2019，19（11）：1353–1361.

[6] 张辰，胡珊珊．大数据基础上的社区医疗服务平台构建[J]. 医学信息学杂志，2017，38（8）：15–18.

[7] 严贝妮，汪东芳．信息扶贫视角下美国公共图书馆数字素养教育策略及启示[J]. 新世纪图书馆，2019（4）：85–90.

[8] 张博，庞基敏，章文嵩，等．互联网大数据技术在智慧交通发展中的应用[J]. 科技导报，2020，38（9）：47–54.

# 第10章

# 未来：城市智能生命体

早期的数字城市，并不是真正意义上的数字城市，可以称为数字城市的1.0时代。目前，随着数字城市的深入开展，逐渐有更多的垂直领域开发为城市大脑。例如，医疗行业的健康大脑可以在城市医院、疾控系统、社保中心、药店等系统中进行数据互通，从而可以及时分析判断城市中市民的健康状况，提出城市的健康发展政策和进行重大传染疾病应急指挥。城市生态大脑可以对城市环境传感器终端、卫星数据、气象数据、环境监测数据等数据进行综合判断，并分析城市的生态质量。例如，通过复杂科学管理手段，城市生态大脑可以分析环境生态数据，从而预测雨季城市内涝点并进行灾情防备。城市舆情大脑实时分析城市内发生的公共事件的群体反应现状，并及时采取应急措施。以上这些不同领域的城市大脑可以说构成了数字城市的2.0时代，但是2.0时代城市大脑相互之间缺乏互通。到了城市之间的各种垂直数据可以互联互通时，此时的城市大脑被称为3.0时代。但3.0时代的城市大脑还不具有人工智能的主动思考能力，只有到了4.0时代（预计在2030年后），随着城市人工智能基础设施（无人驾驶、AI医疗、AI车间等）的推广使用，城市大脑才具备主动思考能力（图10–1）。

**图 10-1　智慧城市发展的 3 个阶段**

（资料来源：https：//www.sohu.com/a/375853414_468661）

# 10.1　城市数据治理新技术

新兴技术的炒作周期是一个独特的炒作周期，Gartner 将 1700 多种独特技

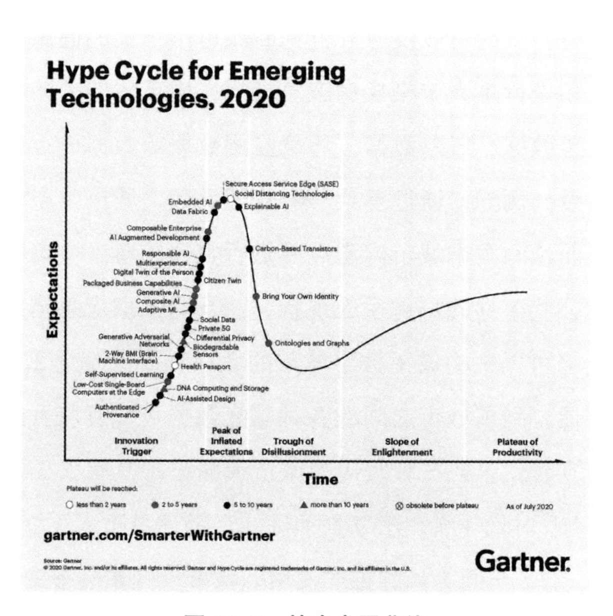


**图 10-2　技术发展曲线**

（资料来源：Gartner 2021 战略技术趋势）

术提炼成一系列必知的技术和趋势（图 10–2）。2020 年的清单重点介绍了 5 个独特的趋势：复合架构、算法信任、量子技术、生成式人工智能、孪生市民。

## 行为互联网

行为互联网（IoB）从各种渠道获取人们日常生活中的“数字尘埃”（Digital Dust）——人类各种行为的数字记录。这些数据来源广泛，从商业客户数据到社交媒体数据再到面部识别数据等，行为互联网会捕捉到海量的线上线下行为信息。与此同时，通过复杂的技术将所有行为互联网数据整合在一起并进行分析，以洞察海量行为中存在的规律；通过运用这些信息来影响人们的行为，从而带来重大而广泛的经济、社会和道德影响。总而言之，行为互联网将成为一种能够影响人们行为的强力工具。对于未来的冰箱而言，它将不只是帮你保鲜食物，而且会通过长期观察冰箱内的食物种类和存量进行学习，在库存不足时会提示要补充什么，或是直接自动下单。在新冠肺炎疫情背景下，IoB 可以建立一个与人们行为的数字连接，这样就可以精确定位并提供信息和服务来引导人们的行为。例如，一家药店可以向顾客提供自己的 IoB 应用程序，并让该程序提示他们计划访问或正在前往商店的路上，以便商店可以做好准备，特别是在预计会出现拥挤或新冠肺炎患者的家属来取药的情况下。这些信息不仅可以在药店使用，而且可以在更广泛的当地环境中使用——而不会暴露“行为不端者”的身份（图 10–3）。

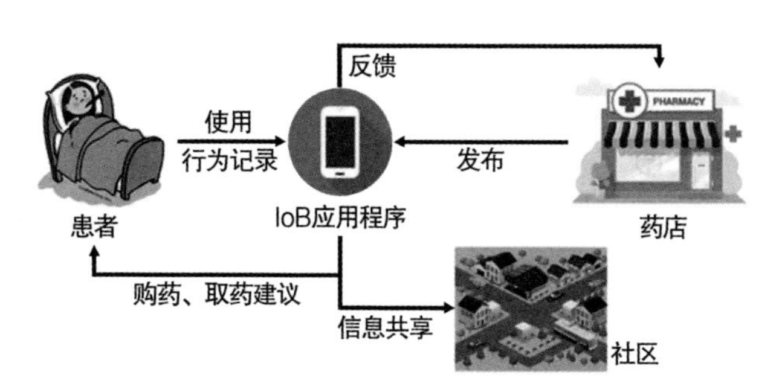


**图 10–3 行为互联网**

[资料来源：解读 2021 年 Gartner 首要战略科技趋势——行为互联网（下）]

### 隐私增强计算

隐私计算（Privacy Computing）是指在保护数据本身不对外泄露的前提下实现数据分析计算的一类信息技术，主要分为可信硬件和密码学两大领域。通过应用隐私计算技术，可以解决人们因担心数据泄露而不敢共享数据的顾虑，从而提高数据的共享和利用程度，充分挖掘数据价值。隐私增强计算的目的在于保证在任何环境下数据处理和数据分析的安全性，即使处于不可信的环境中，人们也能够安全地分享数据。实现这一目标需要 3 项技术：①提供可信的操作环境；②以分散的方式处理和分析信息；③在处理分析信息前进行数据和算法的转换或加密。隐私计算在落地应用的过程中面临着技术、运营成本、模型自身安全、不同机构之间缺乏信任和合作机制，以及用户对技术的接受程度低等障碍。随着新基建的推进、相关硬件和算法的优化、标准规范的制定、测试认证的开展和市场的培育，相关问题障碍将得到逐步解决。

### 量子技术

数字城市的发展对信息安全和计算能力提出了更高的要求。量子信息科技是新一代信息技术的重要组成部分，而量子通信作为量子信息科技中最先进入实用化和产业化的领域，为人类实现更加安全的信息处理提供了重要的基石。随着量子通信技术与 ICT 的深入和广泛结合，一个量子安全的世界正在向我们展开。量子技术利用亚原子微粒的反直觉特性处理信息，进行新型计算，实现“不可非法侵入式”交流，技术微型化等。随着研究者们不断突破技术限制，量子计算机将逐渐取代传统的计算机。数据科学家将能够处理前所未有宏大的数据量，并从中获取相关性信息。实质上，量子人工智能的计算能力已经为其发展提供了革命性的工具，量子计算利用相干叠加的方式，实现超级计算能力，能够指数加速学习能力和速度，轻松应对大数据的挑战。这就是量子，量子的计算能力不可估量，其未来应用在智慧城市中更加不可估量，所以颠覆传统摩尔定律也只是时间问题。

## 6G技术

目前，移动通信经历了从必要通信上升到感官外延的层次，也就是从人与人之间的必要沟通，到初级的人与物、物与物之间进行通信的阶段。从这个角度看，未来6G面向的是更加泛在的感官外延和解放自我的需求，即从移动互联网和物联网向泛在智联网的演进需求。因此，为了让城市更加智能化，人们已经开始对6G无线网络进行研究。6G的设计将进行一场革命，以建立一种新的技术，利用高效的能源和成本通信，将人类生活转变为一个智能世界，而不仅仅是一个智能城市。届时数字经济高度发达，并将由数字经济向智能经济过渡，产生4种价值环境下的指数式发展：人类数字世界、AI数字世界、人类物理世界、AI物理世界(图10-4)。

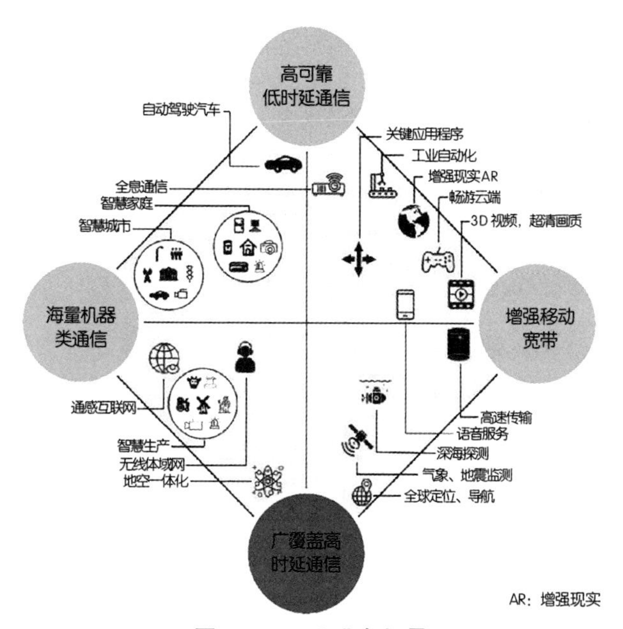


**图10-4　6G业务场景**

[资料来源：王海明．6G愿景：统一网络赋能智慧城市群[J].
中兴通讯技术，2019（6）：55-58.]

## 分布式云

分布式云旨在将过去集中式的公共云分散到不同的地点，其形式包括本地公共云、物联网边缘云、都市社区云、5G移动边缘云、全球网络边缘云等。分布式云可缩短数据传输的距离，解决延迟的问题。在该系统中，数据的分析处理在分散的物理位置进行，但服务的操作、管理和发展仍然由公共云服务商负责。分布式云的实现途径分为两种：一种是一个生态系统集成全部服务功能；另一种是可移植的应用程序和服务。分布式云也将是未来智慧城市数据整合、分析、处理和决策的重要方式，通过分散分级的分布式数据中心、自带分析处理能力的信息采集设备等，实现就近及时的数据处理和决策执行。对于需要快速响应的智慧设施设备来说，这项技术具有重大意义。

## 10.2 城市功能与管理新展望

### 10.2.1 城市功能新展望

#### 精准个性化医疗

智慧医疗由3个部分组成，分别为智慧医院系统、区域卫生系统及家庭健康。在未来，医疗行业将融入更多人工智慧、传感技术等高科技，使医疗服务走向真正意义上的智能化，推动医疗事业的繁荣发展。具体表现为垂直化穿戴式装置将更加广泛地在医疗系统中应用。由于穿戴式装置、家庭诊断试验和基因组检测的应用，用户本身将产生越来越多的数据，因此，未来这些数据会被更加有效地整合，更精准地确认影响患者健康的行为与环境因素，使医生能更好地理解不同疾病和病情的关联性，从而找到更好的治疗方法。同时，AI技术也将更好地用于监测患者的健康状况评估。

#### 跨层连接的交通系统

智慧交通的核心是智能交通系统，在未来，智能交通系统将会与网络、社会及物理更好地连接互动。未来该系统不仅能够从各种传感器中收集物理数据，还可以从网络收集公众的态度和看法，以此判断交通系统性能和潜在的交通问题。同时，由于交通信息的丰富性，识别和定义那些可以有效实施各种服务信息的类型和数量（在时间和空间分辨率方面）就变得至关重要。因此，未来该系统会更好地整合来自社会和物理空间的数据，可以实现跨层（即网络、社会和物理层之间）的网络连接。

## 公共服务智能化

公共服务作为城市不可或缺的一部分，随着城市的发展，其也将从 3 个方面得到进一步提高，即宏观层面的整体化、中观层面的均等化和微观层面的精细化。智慧网格作为城市精细化管理的重要物理基础，在未来的数字城市中，网格管理会得到进一步发展，可以帮助民生、环保、公共安全、城市服务、工商业活动在内的各种需求做出快速、智能的响应，提高城市运行效率，为居民创造更美好的城市生活。核心内容包括：①推进智慧网格顶层设计，实现城市服务供给系统化。②提升公共服务可持续性，实现服务供给流程智慧化。③深化科技人文有机融合，实现服务价值重塑人本化（图 10–5）。

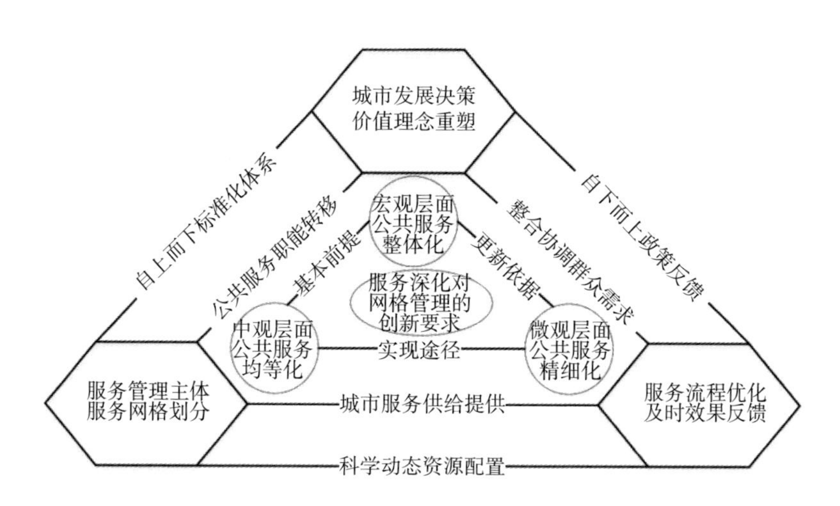


**图 10–5　服务深化对智慧网格管理的创新要求**

[资料来源：陆军，黄伟杰，杨浩天．智慧网格创新与城市公共服务深化 [J]．南开学报（哲学社会科学版），2020（2）：101–109.]

## 10.2.2 城市管理新展望

### 隐私安全与数据共享激励

基础设施和信息资源是数字城市的重要组成部分，其建设的成效将会直接影响数字城市的好坏。而信息安全作为辅助支撑体系，是数字城市建设的重中之重。如何建设信息安全综合监控平台、强化信息安全风险评估体系，将成为数字城市建设的战略重点。因此，基于区块链的智能城市系统面临的主要挑战是对安全和隐私的保护。由于数字城市由大量互联设备组成，因此，透明的隐私标准和分层安全方法对智能城市至关重要。这些方法包括绘制智能城市的风险状况、分层安全模型、加密技术、数据透明度和应急计划。对于数字城市分层安全模型，目前一种常用的方法是洋葱架构模型。该模型分为 3 层：政府控制域、智能城市居民／基础设施和服务提供商。其中，政府作为监管机构，其主要目标是使智能网络符合法规和政策；智能城市居民／基础设施层对智能网络内的用户进行身份验证，以确保居民的隐私和安全不被恶意篡改；服务提供商侧重于服务提供和在可信域和不可信域之间保护数据共享。

### 利用时空相关性确保数据质量和完整性

在数字城市的各种应用场景中，安装了数十亿个智能设备。据报道，2019 年物联网设备使用量约为 266.6 亿台，预计到 2025 年将超过 416 亿台。这些智能设备会产生万亿兆字节的数据，到 2050 年将超过 79.4 ZB。为了处理这些海量的数据，必须更新标准和技术，以便更好地对其进行管理并确保其完整性。此外，不同的基础设施必须变得更具可扩展性和灵活性，从而能够快速地对数据进行分类，并且能够挑选出质量更高的数据。在数据分析过程中，记住所收集数据的相关性，包括时空方面的相关性是非常重要的。因此，准确分析来自物联网数字城市的时空数据非常重要，尤其是对于事件定位和设备定位至关重要的移动交通场景数据。

## 参考文献

[1] SAFAEI M，ISMAIL A S，CHIZARI H，et al. Standalone noise and anomaly detection in wireless sensor networks：a novel time-series and adaptive bayesian-network-based approach [J]. Software：practice and experience，2020，50（4）：428–446.

[2] SAfAEI M，ASADI S，DRISS M，et al. A systematic literature review on outlier detection in wireless sensor networks[J]. Symmetry，2020，12（3）：1–41.

[3] SOFANA R S，DRAGIEVI T，SIANO P，et al. Future generation 5G wireless networks for smart grid: a comprehensive review [J]. Energies,2019,12(11): 1–17.

[4] TARIQ F,KHANDAKER M R A,WONG K K,et al. A speculative study on 6G [J]. IEEE wireless communications，2020，27（4）：118–125.

[5] FADIi A，ZAHMATHKESH H，SHAHROZE R. An overview of security and privacy in smart cities' IoT communications [J]. Transactions on emerging telecommunications technologies，2019（6）：1–19.

[6] 葛梅．全球智慧医疗发展趋势分析及对策研究[J]. 中国医院管理，2019，39（4）：43–45.

[7] AGACHAI S，WAI H H. Smarter and more connected：future intelligent transportation system [J]. IATSS research，2018，42：67–71.

[8] BRAUN T，FUNG B C M，IQBAL F，et al. Security and privacy challenges in smart cities [J]. Sustainable cities and society，2018，39：499–507.

# 专有术语

| | | |
|---|---|---|
| 3DGIS | Three Dimensional Geographic Information System | 三维地理信息系统 |
| 3GPP | 3rd Generation Partnership Project | 第三代合作伙伴计划 |
| 4G | 4th Generation Mobile Communication Technology | 第四代移动通信技术 |
| 4K | 4K Resolution | 4K 分辨率 |
| 5G | 5th Generation Mobile Networks | 第五代移动通信技术 |

## A

| | | |
|---|---|---|
| ACF | Advocacy Coalition Framework | 倡导联盟框架 |
| AmI | Ambient Intelligence | 环境智能 |
| AI | Artificial Intelligence | 人工智能 |
| AIDC | Artificial Internet Data Center | 智能计算中心 |
| AIoT | Artificial Intelligence & Internet of Things | 人工智能物联网 |
| API | Application Programming Interface | 应用程序接口 |
| App | Application | 手机应用程序 |
| AR | Augmented Reality | 增强现实 |

## B

| | | |
|---|---|---|
| BIM | Building Information Modeling | 建筑信息模型 |
| B2C | Business to Customer | 企业对消费者的电子商务模式 |
| B2B | Business to Business | 企业对企业 |

## C

| | | |
|---|---|---|
| CaaU | Citizens as a User | 公民即用户 |
| Cat.1 | LTE UE-Category 1 | 4G 通信 LTE 网络下用户终端类别的一个标准 |
| CPSS | Cyber-Physical-Social System | 社会物理信息系统 |
| CPS | Cyber Physical Systems | 信息物理系统 |
| CIM | City Information Modeling | 城市信息模型 |
| CC | Cloud Computing | 云计算 |
| C2B2M | Customer to Business to Manufacturer | 大规模定制商业生态系统 |
| C2C | Customer to Customer | 个人与个人之间的电子商务 |
| CRM | Customer Relationship Management | 客户关系管理 |

## D

| | | |
|---|---|---|
| DPSG | Digital Portraits of Social Governance | 社会治理数字画像 |
| DTC | Digital Twin City | 数字孪生城市 |
| DSN | Digital Social Networks | 数字社交网络 |
| DC | Digital Community | 数字社区 |
| DW | Data Warehouse | 数据仓库 |
| DSS | Decision-making Support System | 决策支持系统 |

## E

| | | |
|---|---|---|
| ES | Embedded System | 嵌入式系统 |

| | | |
|---|---|---|
| ECS | Embedded Computer System | 嵌入式计算机系统 |
| eMBB | Enhanced Mobile Broadband | 增强移动宽带 |
| EDI | Electronic Data Interchange | 电子数据交换 |
| ERP | Enterprise Resource Planning | 企业资源计划 |
| eGov | Electronic Government | 电子政务 |

## G

| | | |
|---|---|---|
| GaaP | Government as a Platform | 政府即平台 |
| GDS | Government Digital Service | 政府数字服务 |
| GaaW | Government as a Whole | 整体政府 |
| GSGCC | Grass-roots Social Governance Cooperation Circle | 基层社会治理协作圈 |
| GPS | Global Positioning System | 全球定位系统 |
| GIS | Geographic Information System | 地理信息系统 |
| GG | Good Governance | 善治 |
| GLCF | Global Land Cover Facilities | 全球土地覆盖设施 |
| GE | Google Earth | 谷歌地球 |
| GSM | Global System for Mobile Communications | 全球移动通信系统 |
| GSS | Grid Service System | 网格服务系统 |

## H

| | | |
|---|---|---|
| HM | Hierarchical Management | 层级管理 |

## I

| | | |
|---|---|---|
| IAD | Institutional Analysis Development | 制度分析发展 |

| | | |
|---|---|---|
| IC | Intelligent Community | 智慧社区 |
| ITS | Intelligent Transportation System | 智能化交通管理信息系统 |
| ILCC | Intelligent Connection Chain | 智连链 |
| IPS | Indoor Positioning System | 室内定位系统 |
| ITS | Intelligent Traffic System | 智能交通系统 |
| IaaS | Infrastructure as a Service | 基础设施即服务 |
| IDC | Internet Data Center | 互联网数据中心 |
| IoT | The Internet of Things | 物联网 |
| IP | Internet Protocol | 网际互联协议 |
| ISP | Internet Service Provider | 互联网服务提供商 |
| IT | Internet Technology | 互联网技术 |
| ITU | International Telecommunication Union | 国际电信联盟 |
| ILS | Intelligent Logistics System | 智慧物流 |

## L

| | | |
|---|---|---|
| LTE | Long Term Evolution | 通用移动通信技术的长期演进 |
| LPWA | Low-Power Wide-Area | 低功率广域网络 |

## M

| | | |
|---|---|---|
| MM | Market Management | 市场治理 |
| MCN | Multi-Channel Network | 多频道网络 |
| MEC | Mobile Edge Computing | 移动边缘计算 |
| MEMS | Micro Electromechanical System | 微机电系统 |

| | | |
|---|---|---|
| mMTC | Massive Machine Type of Communication | 海量机器类通信 |
| MR | Mixed Reality | 混合现实 |

## N

| | | |
|---|---|---|
| NLP | Natural Language Processing | 自然语言处理 |
| NB-IoT | Narrow Band Internet of Things | 窄带物联网 |
| NEMS | Nano Electromechanical System | 纳米机电系统 |
| NFC | Near Field Communication | 近距离无线通信技术 |
| NFV | Network Function Virtualization | 网络功能虚拟化 |
| NGMN | Next Generation Mobile Networks | 下一代移动网络 |
| NII | National Information Infrastructure | 国家信息基础设施 |

## O

| | | |
|---|---|---|
| OA | Office Automation | 办公自动化 |
| OIS | Optical Image Stabilization | 光学防抖 |
| OECD | Organization for Economic Co-operation and Development | 经济合作与发展组织 |
| O2O | Online to Offline | 线上到线下 |

## P

| | | |
|---|---|---|
| PS | Petition Supermarket | 信访超市 |
| PC | Pervasive Computing | 普适计算 |
| PGIS | Police Geographic Information System | 警用地理信息系统 |
| PaaS | Platform as a Service | 平台即服务 |
| POS | Point of Sale | 销售终端 |

## Q

| | | |
|---|---|---|
| QoS | Quality of Service | 服务质量 |

## R

| | | |
|---|---|---|
| RS | Remote Sensing | 遥感技术 |
| ReID | Person Re-identification | 跨镜追踪 |
| RFID | Radio Frequency Identification | 射频识别技术 |

## S

| | | |
|---|---|---|
| SG | Seamless Government | 无缝隙政府 |
| SNS | Social Networks | 社交网络 |
| SIG | Spatial Information Grid | 空间信息网格 |
| SDE | Spatial Database Engine | 空间数据引擎 |
| SaaS | Software as a Service | 软件即服务 |
| SDN | Software Defined Networking | 软件定义网络 |
| SCM | Supply Chain Management | 供应链管理 |

## T

| | | |
|---|---|---|
| TGM | The Grid Management | 网格化管理 |

## U

| | | |
|---|---|---|
| UN | Ubiquitous Network | 泛在网络 |
| UE | User Experience | 用户体验 |
| UMTS | Universal Mobile Telecommunications System | 通用移动通信系统 |
| URLLC | Ultra-Reliable Low Latency Communications | 低时延高可靠 |

## V

| | | |
|---|---|---|
| V2D | Vehicle-to-Device | 车与设备 |
| V2I | Vehicle-to-Infrastructure | 车与基础设施 |
| V2N | Vehicle-to-Network | 车与网络 |
| V2P | Vehicle-to-Pedestrian | 车与人 |
| V2V | Vehicle-to-Vehicle | 车与车 |
| V2X | Vehicle-to-Everything | 车联网 |
| VNF | Virtualized Network Function | 虚拟网络功能 |
| VR | Virtual Reality | 虚拟现实 |

## W

| | | |
|---|---|---|
| WSS | Web Service System | 网络服务系统 |
| Wi-Fi | | 无线通信技术 |
| WLAN | Wireless Local Area Network | 无线局域网 |
| WMN | WLAN-based Mesh Network | 无线网状网络 |
| WSN | Wireless Sensor Network | 无线传感器网络 |

## X

| | | |
|---|---|---|
| XR | Extended Reality | 扩展现实 |